知りたい！サイエンス

ゼータへの最初の一歩 ベルヌーイ数

「べき乗和」と
素数で割った「余り」の
驚くべき関係

小林吹代 著

1、1/2、1/6、0、−1/30、…と続く一見デタラメな**ベルヌーイ数**。
これらの分数で「通分の逆」をすると**不思議**で**美しい**姿が見えてきます。
ヤコブ・ベルヌーイが注目した**無限級数の和**は後にオイラーが
解決した**バーゼル問題**にも登場します。そしてそれらを読み解いていくことが
ゼータへの第一歩になります。

技術評論社

はじめに

分数のたし算・引き算ときたら、小学生の頃に習った「通分」ですよね。

$$\frac{1}{2}-\frac{1}{3}=\frac{3}{6}-\frac{2}{6}=\frac{1}{6}$$

それでは、この逆はできますか。

じつは「通分の逆」をやるのはずっと後で、高校生になってからです。

$$\frac{1}{6}=\frac{3-2}{2\times 3}=\frac{1}{2}-\frac{1}{3}$$

ここで $\frac{1}{2}=1-\frac{1}{2}$ に置きかえると、次のようになります。

$$\frac{1}{6}=\frac{1}{2}-\frac{1}{3}=\left(1-\frac{1}{2}\right)-\frac{1}{3}$$

大学生になると、有名な数列「B_0、B_1、B_2、……」を学びます。重要な数列で、数学のさまざまな場面で登場します。リーマン予想で有名な、ゼータ関数にも出てきます。

「B_0、B_1、B_2、……」は、数列では少数派（？）の分数からなる数列です。その（分数の）各項で「通分の逆」をしてみると、偶数番目の項は次のようになっています。

$$B_2 = \frac{1}{6} = 1 - \frac{1}{2} - \frac{1}{3}$$

$$B_4 = -\frac{1}{30} = 1 - \frac{1}{2} - \frac{1}{3} - \frac{1}{5}$$

$$B_6 = \frac{1}{42} = 1 - \frac{1}{2} - \frac{1}{3} - \frac{1}{7}$$

$$B_8 = -\frac{1}{30} = 1 - \frac{1}{2} - \frac{1}{3} - \frac{1}{5}$$

$$B_{10} = \frac{5}{66} = 1 - \frac{1}{2} - \frac{1}{3} - \frac{1}{11}$$

ちなみに$B_{12} = -\frac{691}{2730}$です。さてこの$B_{12}$で「通分の逆」をすると、どうなるでしょうか。

じつは、分母の2730を見た途端に意気消沈……しなくてよい方法があるのです。

「B_0、B_1、B_2、……」はベルヌーイ数と呼ばれていて、高校で学んだ次のような「べき乗和」の公式が起源です。

$$1 + 2 + 3 + \cdots\cdots\cdots + n = \frac{1}{2}n(n+1)$$

$$1^2 + 2^2 + 3^2 + \cdots\cdots + n^2 = \frac{1}{6}n(n+1)(2n+1)$$

$$1^3 + 2^3 + 3^3 + \cdots\cdots + n^3 = \frac{1}{4}n^2(n+1)^2$$

これらの「べき乗和」の公式を展開して出てくるのが、「B_0、B_1、B_2、……」です。このとき、高校で学ぶパスカルの三角形も出てきます。さて、どのような形で仲良く一緒に登場してくるのでしょうか。

「べき乗和」ときたら、次なる対象は「逆数のべき乗和」です。こちらは（無限和の）級数が対象となります。

$$\frac{1}{1^2}+\frac{1}{2^2}+\frac{1}{3^2}+\cdots\cdots\cdots\cdots$$

$$\frac{1}{1^3}+\frac{1}{2^3}+\frac{1}{3^3}+\cdots\cdots\cdots\cdots$$

$$\frac{1}{1^4}+\frac{1}{2^4}+\frac{1}{3^4}+\cdots\cdots\cdots\cdots$$

何とここでも、「B_0、B_1、B_2、……」が登場します。

さて「べき乗和」に戻りますが、こちらも無限和とした、次のような不思議な式を見かけたことはありませんか。“　”の中身が∞となっている、一見するとバカバカしいような式です。

$$“1+1+1+1+\cdots\cdots\cdots\cdots” = -\frac{1}{2}$$

$$“1+2+3+4+\cdots\cdots\cdots\cdots” = -\frac{1}{12}$$

$$“1^2+2^2+3^2+4^2+\cdots\cdots\cdots” = 0$$

$$“1^3+2^3+3^3+4^3+\cdots\cdots\cdots” = \frac{1}{120}$$

これらの（“　”のついた）無限和の正体はさておき、ここでも「B_0、B_1、B_2、……」が登場します。

ベルヌーイ数「B_0、B_1、B_2、……」が発見された当初は、話はこれで完結したと思われたことでしょう。ところが上記の通り、国や世紀をまたいで、さらなる発見が続いたのです。この先も、もしかしたら数学の枠を超えて、新たな展開が繰り広げられるかもしれません。

Columnでは、随所にフィボナッチ数列を取り上げています。フィボナッチ数列は、長く親しまれてきた人気の数列です。これまた大人気の黄金数とも関係しています。それでもまだ、未解決問題が残されています。フィボナッチ数列も、なかなか奥が深いですね。

同じ対象を見ていても、何を考えるかは人それぞれです。8章9章のように、「余り」を考えてみるのも一例です。本書をきっかけに、新たな発見に意欲を燃やす読者が出てくることを願っています。

令和5年4月

小林　吹代

Contents

1章

魅惑のベルヌーイ数

1章

魅惑のベルヌーイ数

ベルヌーイの家系は、多数の天才を輩出したことで有名です。そんなベルヌーイの名を冠した数があります。ベルヌーイ数です。じつはこの数は、日本の誇る和算家の関孝和も発見していました。もちろん今では、数学に興味のある方なら誰もが知っている数です。でもその不思議な魅力となると、さてどうでしょうか。

「通分の逆」をやってみよう (1)

こんな有名な数列「B_0、B_1、B_2、…」をご存知でしょうか。

$$
\begin{array}{llll}
B_0=1, & \boxed{B_1=\dfrac{1}{2}}, & B_2=\dfrac{1}{6}, & B_3=0 \\
B_4=-\dfrac{1}{30}, & B_5=0, & B_6=\dfrac{1}{42}, & B_7=0 \\
B_8=-\dfrac{1}{30}, & B_9=0, & B_{10}=\dfrac{5}{66}, & B_{11}=0 \\
B_{12}=-\dfrac{691}{2730}, & B_{13}=0, & B_{14}=\dfrac{7}{6}, & B_{15}=0
\end{array}
$$

$$B_{16}=-\frac{3617}{510},\quad B_{17}=0,\quad B_{18}=\frac{43867}{798},\quad B_{19}=0$$

$$B_{20}=-\frac{174611}{330},\quad B_{21}=0,\quad B_{22}=\frac{854513}{138},\quad B_{23}=0$$

$$B_{24}=-\frac{236364091}{2730},\quad B_{25}=0,\quad B_{26}=\frac{8553103}{6},\quad B_{27}=0$$

$$B_{28}=-\frac{23749461029}{870},\quad B_{29}=0,\quad B_{30}=\frac{8615841276005}{14322}$$

$$B_{31}=0,\quad B_{32}=-\frac{7709321041217}{510},\quad B_{33}=0$$

$$B_{34}=\frac{2577687858367}{6},\quad B_{35}=0,\quad \cdots\cdots\cdots\cdots$$

分数の数列なんて…。それに、どうして B_0 と0から始まるの。数列って、「a_1、a_2、a_3、…」と、第1項の a_1 から始まるのでは。等差数列でも等比数列でもない有名な数列なんて、フィボナッチ数列くらいしか知らないけど…。そんなことを思われたかも知れませんね。

じつは「○○○○○数列」ではなく「○○○○○数」として知られているのです。その名はベルヌーイ数。

このベルヌーイ数（数列）ですが、$B_1=-\dfrac{1}{2}$ としている書籍も多いので、くれぐれも最初にしっかり確認してください。

さて、これらの数を見てどう思われたでしょうか。天才の家系で有名なベルヌーイ（の名が冠されている）だけあって、とっても魅力的な数ばかりだなぁ…とは、お世辞にも思いませんよね。

それでは、そんな思いを払拭すべく、(0番目の$B_0=1$を除いた)偶数番目のベルヌーイ数B_{2n}について見てみましょう。

その前に、まず「通分」では、

$$\frac{1}{2}-\frac{1}{3}=\frac{3}{6}-\frac{2}{6}=\frac{1}{6}$$

と分母をそろえます。逆に、

$$\frac{1}{6}=\frac{3-2}{2\times 3}=\frac{1}{2}-\frac{1}{3}$$

とすることを、ここでは「通分の逆」ということにします。

これからやっていくのは、この「通分の逆」です。

$$B_2=\frac{1}{6}=\frac{1}{2}-\frac{1}{3}=\left(1-\frac{1}{2}\right)-\frac{1}{3}$$

$$B_4=-\frac{1}{30}=\frac{1}{6}-\frac{1}{5}=B_2-\frac{1}{5}=\left(1-\frac{1}{2}-\frac{1}{3}\right)-\frac{1}{5}$$

右辺の分母に現れた 2、3、5は素数です。素数とは、かけ算で表そうとすると、$2=1\times 2$、$3=1\times 3$、$5=1\times 5$ のように「1と自分自身」でしか表せない整数です(いちいち断りませんが、整数や約数は正としています)。

これに対して、$B_2=\frac{1}{6}$、$B_4=-\frac{1}{30}$ の分母の6や30は、$6=2\times 3$、$30=6\times 5$ と「1と自分自身」以外のかけ算で表せる合成数です。

合成数は 6 (= 2 × 3) の2や3、30 (= 6 × 5) の6や5のように、1でも自分自身でもない約数をもちます。これに対して素数は、1と自分自身しか約数をもちません。ちなみに1は単数と呼ばれる特別な数で、素数でも合成数でもありません。もし1を素数に入れると、(整数論の根幹をなす) 素因数分解の一意性が崩壊してしまうのです。それに0だって正の数でも負の数でもなく、直角だって鋭角でも鈍角でもありませんよね。

問 $B_6 = \frac{1}{42}$、$B_8 = -\frac{1}{30}$、$B_{10} = \frac{5}{66}$ を

「$\text{整数} - \frac{1}{\text{素数}} - \frac{1}{\text{素数}} - \cdots - \frac{1}{\text{素数}}$」の形に表しましょう。

すでに求めたB_2の $\frac{1}{6} = \left(1 - \frac{1}{2} - \frac{1}{3}\right)$ は再利用します。

$$B_6 = \frac{1}{42} = \frac{1}{6} - \frac{1}{7} = B_2 - \frac{1}{7} = \boxed{\left(1 - \frac{1}{2} - \frac{1}{3}\right) - \frac{1}{7}}$$

$$B_8 = -\frac{1}{30} = \frac{1}{6} - \frac{1}{5} = B_2 - \frac{1}{5} = \boxed{\left(1 - \frac{1}{2} - \frac{1}{3}\right) - \frac{1}{5}}$$

$$B_{10} = \frac{5}{66} = \frac{1}{6} - \frac{1}{11} = B_2 - \frac{1}{11} = \boxed{\left(1 - \frac{1}{2} - \frac{1}{3}\right) - \frac{1}{11}}$$

どれも分子が1ですね。ただの分数だったら、こうはいきません。例えば $\frac{5}{42}$ や $\frac{1}{66}$ だと、(分母42や66のベルヌーイ数は存

在することに注目ですが）次のように分子が1でなくなります。

$$\frac{5}{42}=\frac{5}{6}-\frac{5}{7}=\left(\frac{1}{2}+\frac{1}{3}\right)-\frac{5}{7}$$

$$=\left(1-\frac{1}{2}\right)+\left(1-\frac{2}{3}\right)-\frac{5}{7}=2-\frac{1}{2}-\frac{2}{3}-\frac{5}{7}$$

$$\frac{1}{66}=-\frac{1}{6}+\frac{2}{11}=\left(-\frac{1}{2}+\frac{1}{3}\right)+\frac{2}{11}$$

$$=-\frac{1}{2}+\left(1-\frac{2}{3}\right)+\left(1-\frac{9}{11}\right)=2-\frac{1}{2}-\frac{2}{3}-\frac{9}{11}$$

さらに、例えば $\frac{1}{12}$ だと（分母12のベルヌーイ数は存在しないことに注目ですが）次のようになります。

$$\frac{1}{12}=\frac{1}{3}-\frac{1}{4}=1-\frac{2}{3}-\frac{1}{4}$$

これは、もっとダメですね。分母の4が素数ではありません。ちなみに $\frac{1}{4}$ はこれ以上どうにもなりません。もちろん $\frac{1}{12}=\frac{\bigcirc}{2}-\frac{\square}{6}$ とはできません。

「通分の逆」をやってみよう（2）

ベルヌーイ数の不思議さを実感したところで、この先もそうなっているか確認していきましょう。

次なるベルヌーイ数は $B_{12}=-\frac{691}{2730}$ です。

まずは分母の2730を $a\times b$ として、$\frac{\bigcirc}{a}-\frac{\square}{b}$ にしようと思います。

でも $2730 = a \times b$ は（たくさんありすぎて）どれにしてよいか悩んでしまいます。

ここで驚きの事実があるのです。$B_{12} = -\frac{691}{2730}$ の（B の下の）「12」は、$B_6 = \frac{1}{42}$ の（B の下の）「6」の倍数です（だから何なのだ、といいたいですよね）。そこで2730は42の倍数ではないかと見当をつけます（定理を知っているからですが…）。

すると何ということでしょう。2730は42の65倍です。$2730 = 42 \times 65$ です（白々しいとの声あり！）。

さらに $-\frac{691}{2730} = \frac{\bigcirc}{42} - \frac{\square}{65}$ の $\frac{\bigcirc}{42}$ ですが、$B_6 = \frac{1}{42}$ ということで、$-\frac{691}{2730} = \frac{1}{42} - \frac{\square}{65}$ と見当をつけます。□を x とおくと、

$$
\begin{aligned}
-691 &= 65 - 42x \\
42x &= 691 + 65 \\
42x &= 756 \\
x &= 18
\end{aligned}
$$

これで $-\frac{691}{2730} = \frac{1}{42} - \frac{18}{65}$ と判明しました。

いよいよ $B_{12} = -\frac{691}{2730}$ で「通分の逆」をしていきます。

$$
\begin{aligned}
B_{12} &= -\frac{691}{2730} = \frac{1}{42} - \frac{18}{65} \\
&= B_6 - \frac{18}{65}
\end{aligned}
$$

$$= \left(1 - \frac{1}{2} - \frac{1}{3} - \frac{1}{7}\right) - \left(\frac{1}{5} + \frac{1}{13}\right)$$
$$= 1 - \frac{1}{2} - \frac{1}{3} - \frac{1}{5} - \frac{1}{7} - \frac{1}{13}$$

正直いって $-\dfrac{691}{2730}$ には、何の魅力も感じないかもしれません。でもこのように表してみると、とっても美しい数ですね。

問 「$\text{整数} - \dfrac{1}{\text{素数}} - \dfrac{1}{\text{素数}} - \cdots - \dfrac{1}{\text{素数}}$」の形に表しましょう。

(1) $B_{16} = -\dfrac{3617}{510}$ (2) $B_{18} = \dfrac{43867}{798}$ (3) $B_{20} = -\dfrac{174611}{330}$

(1) まずは $B_{16} = -\dfrac{3617}{510} = -7 + \dfrac{-47}{510}$ とします。

ここでも B_{16} の「16」は、$B_8 = -\dfrac{1}{30}$ の「8」の倍数だからということで、$-\dfrac{47}{510} = -\dfrac{1}{30} - \dfrac{\square}{17}$ ではないかと見当をつけます。□はすぐに1と分かります。

$$B_{16} = -\frac{3617}{510} = -7 + \frac{-47}{510} = -7 + \left(-\frac{1}{30} - \frac{1}{17}\right)$$
$$= -7 + B_8 - \frac{1}{17}$$
$$= -7 + \left(1 - \frac{1}{2} - \frac{1}{3} - \frac{1}{5}\right) - \frac{1}{17}$$
$$= \boxed{-6 - \frac{1}{2} - \frac{1}{3} - \frac{1}{5} - \frac{1}{17}}$$

(2) $B_{18} = \frac{43867}{798} = 55 + \frac{-23}{798}$です。$B_{18}$の「18」は、$B_6 = \frac{1}{42}$ の「6」の倍数だからということで、$\frac{-23}{798} = \frac{1}{42} - \frac{\square}{19}$ではないかと見当をつけます。□は1と分かります。

$$
\begin{aligned}
B_{18} = \frac{43867}{798} = 55 + \frac{-23}{798} &= 55 + \left(\frac{1}{42} - \frac{1}{19}\right) \\
&= 55 + B_6 - \frac{1}{19} \\
&= 55 + \left(1 - \frac{1}{2} - \frac{1}{3} - \frac{1}{7}\right) - \frac{1}{19} \\
&= \boxed{56 - \frac{1}{2} - \frac{1}{3} - \frac{1}{7} - \frac{1}{19}}
\end{aligned}
$$

(3) $B_{20} = -\frac{174611}{330} = -529 + \frac{-41}{330}$です。$B_{20}$の「20」は、$B_{10} = \frac{5}{66}$の「10」の倍数だからということで、$\frac{-41}{330} = \frac{5}{66} - \frac{\square}{5}$ではないかと見当をつけます。□ は1です。

$$
\begin{aligned}
B_{20} = -\frac{174611}{330} = -529 + \frac{-41}{330} &= -529 + \left(\frac{5}{66} - \frac{1}{5}\right) \\
&= -529 + B_{10} - \frac{1}{5} \\
&= -529 + \left(1 - \frac{1}{2} - \frac{1}{3} - \frac{1}{11}\right) - \frac{1}{5} \\
&= \boxed{-528 - \frac{1}{2} - \frac{1}{3} - \frac{1}{5} - \frac{1}{11}}
\end{aligned}
$$

「整数$-\dfrac{1}{\text{素数}}-\dfrac{1}{\text{素数}}-\cdots-\dfrac{1}{\text{素数}}$」

これまでの結果をまとめておきましょう（$B_0=1$は除きます。ついでに少々つけ加えておきます）。

$$B_2=\frac{1}{6}=1-\frac{1}{2}-\frac{1}{3}$$

$$B_4=-\frac{1}{30}=1-\frac{1}{2}-\frac{1}{3}-\frac{1}{5}$$

$$B_6=\frac{1}{42}=1-\frac{1}{2}-\frac{1}{3}-\frac{1}{7}$$

$$B_8=-\frac{1}{30}=1-\frac{1}{2}-\frac{1}{3}-\frac{1}{5}$$

$$B_{10}=\frac{5}{66}=1-\frac{1}{2}-\frac{1}{3}-\frac{1}{11}$$

$$B_{12}=-\frac{691}{2730}=1-\frac{1}{2}-\frac{1}{3}-\frac{1}{5}-\frac{1}{7}-\frac{1}{13}$$

$$B_{14}=\frac{7}{6}=2-\frac{1}{2}-\frac{1}{3}$$

$$B_{16}=-\frac{3617}{510}=-6-\frac{1}{2}-\frac{1}{3}-\frac{1}{5}-\frac{1}{17}$$

$$B_{18}=\frac{43867}{798}=56-\frac{1}{2}-\frac{1}{3}-\frac{1}{7}-\frac{1}{19}$$

$$B_{20}=-\frac{174611}{330}=-528-\frac{1}{2}-\frac{1}{3}-\frac{1}{5}-\frac{1}{11}$$

$$B_{22}=\frac{854513}{138}=6193-\frac{1}{2}-\frac{1}{3}-\frac{1}{23}$$

$$B_{24}=-\frac{236364091}{2730}=-86579-\frac{1}{2}-\frac{1}{3}-\frac{1}{5}-\frac{1}{7}-\frac{1}{13}$$

$$B_{26}=\frac{8553103}{6}=1425518-\frac{1}{2}-\frac{1}{3}$$

$$B_{28}=-\frac{23749461029}{870}=-27298230-\frac{1}{2}-\frac{1}{3}-\frac{1}{5}-\frac{1}{29}$$

$$B_{30}=\frac{8615841276005}{14322}=601580875-\frac{1}{2}-\frac{1}{3}-\frac{1}{7}-\frac{1}{11}-\frac{1}{31}$$

$$B_{32}=-\frac{7709321041217}{510}=-15116315766-\frac{1}{2}-\frac{1}{3}-\frac{1}{5}-\frac{1}{17}$$

$$B_{34}=\frac{2577687858367}{6}=429614643062-\frac{1}{2}-\frac{1}{3}$$

「分母」に現れる「素数の正体」

驚くのはここからです。「$\text{整数}-\frac{1}{\text{素数}}-\frac{1}{\text{素数}}-\ \cdots\ -\frac{1}{\text{素数}}$」の分母の素数が、「通分の逆」をしなくても分かるのです。

例えば

$$B_{12}=-\frac{691}{2730}=1-\frac{1}{2}-\frac{1}{3}-\frac{1}{5}-\frac{1}{7}-\frac{1}{13}$$

は、B_{12} の「12」を見ただけで、「2、3、5、7、13」(5個) と分かってしまうのです。ヒントは「12」の約数「1、2、3、4、6、12」(6個) です。

さて6個の約数の中で、どの1個がボツとなって5個となるのでしょうか。よく見比べてみましょう。

「1、2、3、4、6、12」(6個)　⇒　「2、3、5、7、13」(5個)

すぐに答えが分かった方はp.24まで飛ばしてください。ここではp.20、p.21の例をあげて、さらなるヒントとします。

$B_{\bigcirc}$の○	○の約数	（分母に現れる）素数
2	1、2	2、3
4	1、2、4	2、3、5
6	1、2、3、6	2、3、7
8	1、2、4、8	2、3、5
10	1、2、5、10	2、3、11
12	1、2、3、4、6、12	2、3、5、7、13
14	1、2、7、14	2、3
16	1、2、4、8、16	2、3、5、17
18	1、2、3、6、9、18	2、3、7、19
20	1、2、4、5、10、20	2、3、5、11
22	1、2、11、22	2、3、23
24	1、2、3、4、6、8、 12、24	2、3、5、7、13
26	1、2、13、26	2、3
28	1、2、4、7、14、28	2、3、5、29
30	1、2、3、5、6、10 15、30	2、3、7、11、31

32	1、2、4、8、16、32	2、3、5、17
34	1、2、17、34	2、3

問　$B_{\bigcirc}$の「○」の約数と、$B_{\bigcirc}$を「整数$-\dfrac{1}{\text{素数}}-\cdots-\dfrac{1}{\text{素数}}$」の形に表したときの素数とは、どのような関係でしょうか。

じつは「約数＋1」が素数の場合に、その素数が「整数$-\dfrac{1}{\text{素数}}-\cdots-\dfrac{1}{\text{素数}}$」の「$-\dfrac{1}{\text{素数}}$」に現れてくるのです（次の表で×がついている数は、「約数＋1」が合成数です）。

$B_{\bigcirc}$の○	○の約数	素数（約数＋1）
2	1、2	2、3
4	1、2、4	2、3、5
6	1、2、~~3~~、6	2、3、7
8	1、2、4、~~8~~	2、3、5
10	1、2、~~5~~、10	2、3、11
12	1、2、~~3~~、4、6、12	2、3、5、7、13
14	1、2、~~7~~、~~14~~	2、3
16	1、2、4、~~8~~、16	2、3、5、17

18	1、2、~~3~~、6、~~9~~、18	2、3、7、19
20	1、2、4、~~5~~、10、~~20~~	2、3、5、11
22	1、2、~~11~~、22	2、3、23
24	1、2、~~3~~、4、6、~~8~~、12、~~24~~	2、3、5、7、13
26	1、2、~~13~~、~~26~~	2、3
28	1、2、4、~~7~~、~~14~~、28	2、3、5、29
30	1、2、~~3~~、~~5~~、6、10、~~15~~、30	2、3、7、11、31
32	1、2、4、~~8~~、16、~~32~~	2、3、5、17
34	1、2、~~17~~、~~34~~	2、3

クラウゼン－フォンシュタウトの定理

これまでのことは、じつは次のクラウゼン－フォンシュタウトの定理によるものです（この定理の証明や、クラウゼンとフォンシュタウトの小伝は、参考文献［4］にあります。まるでアーベルとヤコビのような対照的な境遇にあったようです）。

クラウゼン－フォンシュタウトの定理 $(n \geq 1)$

$$B_{2n} = m - \sum_{\substack{p\text{は素数} \\ p-1 \mid 2n}} \frac{1}{p} \qquad (m\text{は整数})$$

Σ（シグマ）は、Σの下に書かれた条件を満たすpについて、$\frac{1}{p}$をたし算する記号です。

その条件の$p-1 \mid 2n\ (n \geq 1)$は、$p-1$が$2n$を割り切ることを表しています。つまり$p-1$は$2n$の約数です。「pは素数、$p-1 \mid 2n$」をまとめると、「pは$2n$の約数より1大きな素数」となります。

さて上の定理は、$B_{\bigcirc}$の「○」が偶数の場合です（B_0を除く）。

p.12、p.13を見ると、（$B_1=\frac{1}{2}$を除いて）「○」が奇数の場合、つまり $2n+1$（$n \geq 1$）の場合は、$B_{2n+1}=0$となっています（証明は後の章に回します）。

例外の$B_1=\frac{1}{2}$は、$B_1=-\frac{1}{2}$としている書籍もあります。本書では、今後$B_1^*=-\frac{1}{2}$と記すことにします。

$B_1=\frac{1}{2}$にせよ$B_1^*=-\frac{1}{2}$にせよ、1の約数1より1大きな数は2で、2は素数です。しかも$B_1=\frac{1}{2}=1-\frac{1}{2}$、$B_1^*=-\frac{1}{2}=0-\frac{1}{2}$となっています。つまり$B_1$や$B_1^*$でも、クラウゼン－フォンシュタウトの定理は成り立っています。

この定理で、ベルヌーイ数B_{2n}の分母に関しては解決したことになります。分母は「$2n$の約数より1大きな素数の積」となっているのです。

$$B_2 = \frac{1}{6} = 1 - \frac{1}{2} - \frac{1}{3} \Rightarrow 6 = 2 \cdot 3$$

$$B_4 = -\frac{1}{30} = 1 - \frac{1}{2} - \frac{1}{3} - \frac{1}{5} \Rightarrow 30 = 2 \cdot 3 \cdot 5$$

$$B_6 = \frac{1}{42} = 1 - \frac{1}{2} - \frac{1}{3} - \frac{1}{7} \Rightarrow 42 = 2 \cdot 3 \cdot 7$$

$$B_8 = -\frac{1}{30} = 1 - \frac{1}{2} - \frac{1}{3} - \frac{1}{5} \Rightarrow 30 = 2 \cdot 3 \cdot 5$$

$$B_{10} = \frac{5}{66} = 1 - \frac{1}{2} - \frac{1}{3} - \frac{1}{11} \Rightarrow 66 = 2 \cdot 3 \cdot 11$$

01 フィボナッチ数列と「見たままの数列」

数列は、（文字通り）数が列をなしています。そうはいっても、たいていの数列には何らかの規則性があるものです。

問 次の□の数を当てましょう。

(1) 100、93、86、79、72、65、58、51、44、□

(2) 1、2、4、8、16、32、64、128、256、512、□

(3) 1、1、2、3、5、8、13、21、34、55、89、□

(1)（公差－7の）等差数列です。44－7＝37

じつは「100から7ずつ引く」というのは、認知症の検査でよく用いられています。（筆者のように）引き算が苦手な方は、検査の前に練習しておくことをお勧めします。ついでに、検査当日が何年何月何日かも、新聞等で確認しておきましょう。

(2)（公比2の）等比数列です。512×2＝1024

1024は1000に近い数ですね。コンピュータ関連でキロといったら、じつは1024のことです（本書でもp.250で用います）。

(3) フィボナッチ数列です。「1、1」から始めて、前々項と前項をたして、次の項を出していきます（p.136参照）。

1 + **1** = **2**、1 + **2** = **3**、2 + **3** = **5**、3 + **5** = **8**、5 + **8** = **13**、8 + **13** = **21**、13 + **21** = **34**、21 + **34** = 55、34 + **55** = 89、55 + **89** = **144**

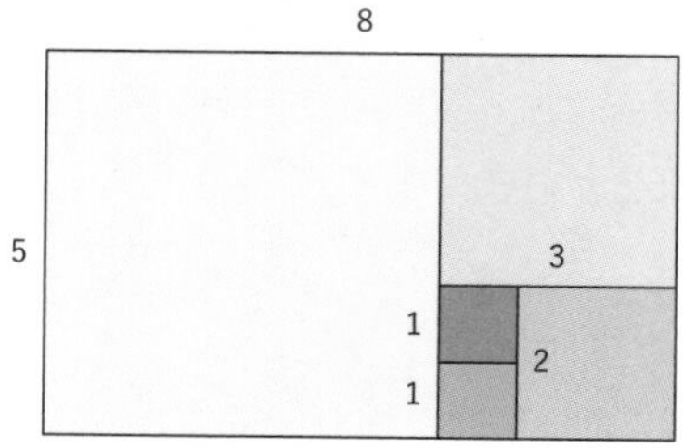

さて「これにて終了」では納得しませんよね。右を向けといわれたら、左が気になってくるのが人の性《さが》です。

問 次の□の数を当てましょう。

(1) □、□、□、100、93、86、79、72、65、58

(2) □、□、□、1、2、4、8、16、32、64、128

(3) □、□、□、1、1、2、3、5、8、13、21、34

(1) 逆ですから、7をたしていきます。107、114、121を逆に並べると、左から 121、114、107 となります。

(2) 逆ですから、2で割っていきます。$\frac{1}{2}$、$\frac{1}{4}$、$\frac{1}{8}$を逆に並べると、左から$\frac{1}{8}$、$\frac{1}{4}$、$\frac{1}{2}$となります。

(3) □、1、1では、□＋1＝1から□＝0と出てきます。同様に、次々に右から順に求めていくと、0、1、−1です。これらを逆に並べると、左から−1、1、0となります。

フィボナッチ数列ですが、今日では「1、1」からではなく「0、1」から始めるのが主流です。1つ左へ戻ってスタートするのです。その0をさらに1つ左へ戻ると、1であることに留意しましょう。

(3)（−1、1、）0、1、1、2、3、5、8、13、21、34、……

それでは後の準備をかねて、フィボナッチ数列を「ある数」で割った「余り」を見ておきましょう。

問 フィボナッチ数列を下記の数で割った、「余り」の数列を求めましょう。

0、1、1、2、3、5、8、13、21、34、55、89、144、……

(1) 2で割った余り

(2) 3で割った余り

(3) 4で割った余り

(1)　0、1、1、0、1、1、0、1、1、0、1、1、0、……

(2)　0、1、1、2、0、2、2、1、0、1、1、2、0、……

(3)　0、1、1、2、3、1、0、1、1、2、3、1、0、……

これらの例では、いずれも周期的となっていますね。他でも（一般的に）周期的となってくるのでしょうか。（p.271参照）

n（$n=2$、3、4）で割った「余り」の数列は、いずれの周期も「0 1 …… 1」と「0」で始まり「1」で終わっています。周期を探すには、「1、0」を見つけることがポイントです。「1、0」の1は前の周期の終わりの1で、0は次の周期の始まりの0です。

この「1、0」は、じつは先ほど 問 (3) で見た「(−1、1、) 0」の「1、) 0」でもあります。

ちなみに「(−1、1、) 0」の−1を「2で割った余り」「3で割った余り」「4で割った余り」は、それぞれ次の通りです。

$-1 \div 2 = -1$ 余り 1　⇔　$-1 = -1 \times 2 + 1$

$-1 \div 3 = -1$ 余り 2　⇔　$-1 = -1 \times 3 + 2$

$-1 \div 4 = -1$ 余り 3　⇔　$-1 = -1 \times 4 + 3$

最後に、次のような数列はいかがでしょうか。

何と高校生より小学生の方が、正答率が高いそうです。もしかしたら、数学者は怒り出すかもしれません。異質な数を同格に並べた数列なんて……、ケシカランと。

問　次の□の数を当てましょう。

1、11、21、1211、111221、312211、13112221、
1113213211、31131211131221、13211311123113112211、
□

「1」から始めて次の項からは、前の項が「何個どんな数が」並んでいるかを（英語流に）「個、数」の順に並べていきます。第2項は第1項が「1個の1」なので「11」となり、第3項は第2項が「2個の1」なので「21」となります。第4項は第3項が「1個の2、1個の1」なので「1211」となります。

それでは13211311123113112211の次の項です。まず、

13211311123113112211

の同じでない数を（見やすいように）離すと、

1　3　2　11　3　111　2　3　11　3　11　22　11

となります。「個、数」の順に見ていくと、

「1個の1」「1個の3」「1個の2」「2個の1」「1個の3」
「3個の1」「1個の2」「1個の3」「2個の1」「1個の3」
「2個の1」「2個の2」「2個の1」

となっています。

問の□は、次を並べていきます。

「1 1」「1 3」「1 2」「2 1」「1 3」
「3 1」「1 2」「1 3」「2 1」「1 3」
「2 1」「2 2」「2 1」

□は「11131221133112132113212221」となります。

ちなみに、この数列では「1111」「2222」のように同じ数が4個以上並ぶことはありません。「1111」だと「1個の1」に続いて「1個の1」ですが、それなら「2個の1」で「21」となるはずです。このため「41」(「4個の1」)のような、4以上の数が現れることもありません。この数列に現れる数は、1、2、3だけなのです。

2章

Σ

降臨！
「ファウルハーバーの公式」

2章

降臨！「ファウルハーバーの公式」 -Σ-

ベルヌーイ数の発見には、先駆者の存在がありました。その名はファウルハーバー。発見の経緯を見たかぎりでは、何も知らない高校生が「ある公式」を学んだ際に、自力でこの数を発見したとしても不思議ではなさそうです。さて「その公式」を見たファウルハーバーに、どんな天啓が降りてきたのでしょうか。

Σ｜ベルヌーイ数の作り方

ベルヌーイ数（数列）は、とっても不思議な数でしたね（$n \geq 1$）。

$$B_{2n} = m - \sum_{\substack{p\text{は素数} \\ p-1 \mid 2n}} \frac{1}{p} \qquad (m\text{は整数})$$

（偶数番目の）分母は、「その数列の何番目に現れるか」で決まったのです。しかも B_{2n} の「分母の素因数」は、$2n$ の素因数というならまだしも、「$2n$ の約数より1大きな素数」なのです。こうなると、ベルヌーイ数は整数論から出てきた数だろうな、と思いますよね。

じつは高校生なら誰でも知っている、ある有名な公式から出てきた数です。でもこの発見の経緯は、(p.42から)後に回すことにしましょう。

まずは、数列の具体的な作り方を見ていきます(この作り方がどこから出てきたのかは、p.50にあります)。さて、この作り方から淡々と出てくる数が、かくも魅惑的な数になると想像できるでしょうか(数学は小説より奇なり……、との声あり！)。

まず $B_0=1$ とします。B_1、B_2、B_3、B_4、…… は、順に次のような漸化式から求めていきます。

$$B_0=1$$
$$-B_0+2B_1=0$$
$$B_0-3B_1+3B_2=0$$
$$-B_0+4B_1-6B_2+4B_3=0$$
$$B_0-5B_1+10B_2-10B_3+5B_4=0$$

B_1 は、$-B_0+2B_1=0$ から $-1+2B_1=0$ となり、$B_1=\dfrac{1}{2}$ と出てきます。

B_2 は、$B_0-3B_1+3B_2=0$ から $1-3\times\dfrac{1}{2}+3B_2=0$ となり、$B_2=\dfrac{1}{6}$ と出てきます。

この先も、すでに求まった B_0、B_1、B_2、…から、漸化式により次々に求まってきます。何のタネも仕掛けもなく、どこまでも淡々と……。

さて漸化式のB_0、B_1、B_2、B_3、B_4、…の前（係数）に、見覚えのある数が並んでいますね。符号（+、−）を取り除き、右端に1をつけ加えると、次のようになります。

$$
\begin{array}{ccccccccccc}
 & & & & & 1 & & & & & \\
 & & & & 1 & & 1 & & & & \\
 & & & 1 & & 2 & & 1 & & & \\
 & & 1 & & 3 & & 3 & & 1 & & \\
 & 1 & & 4 & & 6 & & 4 & & 1 & \\
1 & & 5 & & 10 & & 10 & & 5 & & 1
\end{array}
$$

この三角形は、パスカルの三角形と呼ばれています。右端と左端を1として、順次その上の左右の数をたしていったものです。

$$
\begin{array}{ccccccccccc}
 & & & & 1 & & 1 & & & & \\
 & & & 1 & & 2 & & 1 & & & \\
 & & 1 & & 3 & & 3 & & 1 & & \\
 & 1 & & 4 & & 6 & & 4 & & 1 & \\
1 & & 5 & & 10 & & 10 & & 5 & & 1
\end{array}
$$

上の三角形の構成メンバーの数は、二項係数と呼ばれています。0番目、1番目、……と0から数えたときのn行k番目の数を$\binom{n}{k}$とすると、右端と左端は1としたので、$\binom{n}{0}=\binom{n}{n}=1$です。

順次その上の左右の数をたすという三角形の作り方（計算規則）は、次の通りです。

《 二項係数の漸化式 》

$$\binom{n}{k}=\binom{n-1}{k-1}+\binom{n-1}{k}$$

この三角形は、じつはパスカル以前から知られていました。パスカルが確率の計算の際にさかんに用いたことから、その名を冠して呼ばれるようになったようです。

さて、この計算規則から求まってくる数は、相異なる n 個のものから k 個選ぶ組み合わせ（Combination）の数 ${}_n\mathrm{C}_k$ となっています。

相異なる n 個のものから k 個選ぶ組み合わせの数は、特定の1個に着目すると、これが入っているのが $\binom{n-1}{k-1}$ 通り、これが入っていないのが $\binom{n-1}{k}$ 通りで、これらの和となっています。

さて n 個から k 個"取る"のを選ぶのも、n 個から $n-k$ 個"外す"のを選ぶのも、その組み合わせの数は同じです。このことから、次が成り立ちます。パスカルの三角形は、左右対称になっているのです。

$$\binom{n}{k}=\binom{n}{n-k}\qquad\left[\,{}_n\mathrm{C}_k={}_n\mathrm{C}_{n-k}\,\right]$$

組み合わせの数 ${}_n\mathrm{C}_k$ は、次で求まります。ここで $n!$ は n の階乗 $n!=n(n-1)(n-2)\cdot\cdots\cdot2\cdot1$ です。$0!=1$ とします。

$$\binom{n}{k} = {}_nC_k = \frac{n!}{k!(n-k)!}$$

この式ですが、例えば ${}_5C_3$ は、5個から1つ目を選ぶのが5通り、残り4個から2つ目を選ぶのが4通り、残り3個から3つ目を選ぶのが3通りで、全部で5・4・3通り…ではありません。これでは選ぶ順序がちがうと、別々に数えてしまいます。3個の並べかえの 3・2・1通りは、どれも同じ選び方なので、実際はその「3・2・1分の1」通りです。

$$\binom{5}{3} = {}_5C_3 = \frac{5\cdot4\cdot3}{3\cdot2\cdot1} = \frac{5\cdot4\cdot3\cdot2\cdot1}{3\cdot2\cdot1\times2\cdot1} = \frac{5!}{3!(5-3)!}$$

∑ | 二項定理

二項係数は、その名の通り $(a+b)^1$、$(a+b)^2$、$(a+b)^3$、$(a+b)^4$、$(a+b)^5$、…を展開したときに現れる係数です。

$$(a+b)^1 = 1a + 1b$$

$$(a+b)^2 = 1a^2 + 2ab + 1b^2$$

$$(a+b)^3 = 1a^3 + 3a^2b + 3ab^2 + 1b^3$$

$$(a+b)^4 = 1a^4 + 4a^3b + 6a^2b^2 + 4ab^3 + 1b^4$$

$$(a+b)^5 = 1a^5 + 5a^4b + 10a^3b^2 + 10a^2b^3 + 5ab^4 + 1b^5$$

例えば$(a+b)^4$の展開なら、$(a+b)^3=1a^3+3a^2b+3ab^2+1b^3$から次のようにして求まります。

$$
\begin{aligned}
(a+b)^4 &= (a+b)(a+b)^3 \\
&= a(1a^3+3a^2b+3ab^2+1b^3)+b(1a^3+3a^2b+3ab^2+1b^3) \\
&= 1a^4 + 3a^3b + 3a^2b^2 + 1ab^3 \\
&\qquad\ \ + 1a^3b + 3a^2b^2 + 3ab^3 + 1b^4 \\
&= 1a^4 + 4a^3b + 6a^2b^2 + 4ab^3 + 1b^4
\end{aligned}
$$

見ての通り、p.37の計算規則から係数が求まってきますね。

《 二項定理 》

$$
\begin{aligned}
(a+b)^n &= \sum_{k=0}^{n} \binom{n}{k} a^{n-k} b^k \\
&= \binom{n}{0} a^n + \binom{n}{1} a^{n-1} b + \binom{n}{2} a^{n-2} b^2 \\
&\qquad + \cdots + \binom{n}{n-1} ab^{n-1} + \binom{n}{n} b^n
\end{aligned}
$$

（記号Σについてはp.44参照）

Σ ベルヌーイ数と二項定理

二項定理で、$a=1$、$b=-B$と置くと、次のようになります。

$$(1-B)^1=1-B$$
$$(1-B)^2=1-2B+B^2$$
$$(1-B)^3=1-3B+3B^2-B^3$$
$$(1-B)^4=1-4B+6B^2-4B^3+B^4$$
$$(1-B)^5=1-5B+10B^2-10B^3+5B^4-B^5$$

ここで右端の項を消し、さらに「$1=B^0 \rightarrow B_0$」「$B=B^1 \rightarrow B_1$」「$B^2 \rightarrow B_2$」「$B^3 \rightarrow B_3$」「$B^4 \rightarrow B_4$」と置きかえ、「右辺=0」という式を作ると、(2行目からは) 次のようになります。

《 ベルヌーイ数の漸化式 $\left(B_1=\frac{1}{2}\right)$ 》

$$B_0-2B_1=0$$
$$B_0-3B_1+3B_2=0$$
$$B_0-4B_1+6B_2-4B_3=0$$
$$B_0-5B_1+10B_2-10B_3+5B_4=0$$

p.35の式は、求めるB_nの係数が正となるように、(必要に応じて) 両辺に-1をかけたものです (つまりは同じものです)。

ちなみにこの漸化式からは、$B_1=\frac{1}{2}$が出てきます。

書籍によっては $B_1=-\frac{1}{2}$としていますが、本書では$B_1^*=-\frac{1}{2}$と記すことにしています。

さて$B_1^*=-\frac{1}{2}$が入った方の漸化式は、どうなるのでしょうか。

簡単ですね。$B_1^*=B_1-1$が入るように、両辺に同じ数を加えればよいだけです。すると上の式は、次のようになってきます。

$$B_0 - 2(B_1 - 1) = 2$$

$$B_0 - 3(B_1 - 1) + 3B_2 = 3$$

$$B_0 - 4(B_1 - 1) + 6B_2 - 4B_3 = 4$$

$$B_0 - 5(B_1 - 1) + 10B_2 - 10B_3 + 5B_4 = 5$$

この式の $B_1 - 1$ を B_1^* に置きかえると、次の通りです。

$$B_0 - 2B_1^* = 2$$

$$B_0 - 3B_1^* + 3B_2 = 3$$

$$B_0 - 4B_1^* + 6B_2 - 4B_3 = 4$$

$$B_0 - 5B_1^* + 10B_2 - 10B_3 + 5B_4 = 5$$

せっかく出しましたが、これを $B_1^* = -\frac{1}{2}$ のときの漸化式としているのは少数派のようです。

そこでp.40の漸化式に戻って、改めて $B_1^* = -\frac{1}{2}$ のときの漸化式を求めていきます。

まず $B_{\bigcirc}$ の「○」が奇数の場合、つまり $(2n+1)$ の場合は（後で示しますが、B_1 を除いて）$B_{2n+1} = 0$ なので、（p.40の漸化式で）$-B_{2n+1}$ を $+B_{2n+1}$ に置きかえてもさしつかえありません。しかも例外の B_1 は、好都合なことに $-B_1 = +B_1^*$ です。

つまり $-B_1$ を $+B_1^*$ とし、$-B_{2n+1}$ を $+B_{2n+1}$ とすれば、$B_1^* = -\frac{1}{2}$ のときの漸化式が出てきます。

《ベルヌーイ数の漸化式 $\left(B_1^* = -\dfrac{1}{2}\right)$》

$$B_0 + 2B_1^* = 0$$
$$B_0 + 3B_1^* + 3B_2 = 0$$
$$B_0 + 4B_1^* + 6B_2 + 4B_3 = 0$$
$$B_0 + 5B_1^* + 10B_2 + 10B_3 + 5B_4 = 0$$

Σ ｜「べき乗和」の公式 (1)

ベルヌーイ数が発見されたのは、じつは「べき乗和」を求めることからでした。「べき乗和」の公式は、高校で学びます。

$S_k(n)$ を1から n までの k 乗の和とします。

$$S_k(n) = 1^k + 2^k + 3^k + \cdots + n^k$$

このとき、次のようになることを学んできました。

$$S_1(n) = 1 + 2 + 3 + \cdots + n = \frac{1}{2}n(n+1)$$
$$S_2(n) = 1^2 + 2^2 + 3^2 + \cdots + n^2 = \frac{1}{6}n(n+1)(2n+1)$$
$$S_3(n) = 1^3 + 2^3 + 3^3 + \cdots + n^3 = \frac{1}{4}n^2(n+1)^2$$

ちなみに $S_0(n) = n$ です（$m^0 = 1$）。

$$
\begin{aligned}
S_0(n) &= 1^0+2^0+3^0+\ \cdots\ +n^0 \\
&= 1+1+1+\ \cdots\ +1 = n
\end{aligned}
$$

この続きを（高校で学んだ方法で同様に）求めていくと、次のようになります。

$$
\begin{aligned}
S_4(n) &= 1^4+2^4+3^4+\ \cdots\ +n^4 \\
&= \frac{1}{30}n(n+1)(2n+1)(3n^2+3n-1) \\
S_5(n) &= 1^5+2^5+3^5+\ \cdots\ +n^5 \\
&= \frac{1}{12}n^2(n+1)^2(2n^2+2n-1) \\
S_6(n) &= 1^6+2^6+3^6+\ \cdots\ +n^6 \\
&= \frac{1}{42}n(n+1)(2n+1)(3n^4+6n^3-3n+1)
\end{aligned}
$$

問題はこれらを眺めていても、$S_6(n)$ の次の $S_7(n)$ がどうなるのかさえ、見当もつかないことです。

試験の採点のときに、こんな嘆き節を耳にしたことがあります。

「因数分解が苦手だからと、全部展開して答えてるぅ～！採点する方の身にもなってくれぇ～！」

じつは $S_7(n)$ から先がどうなるかは、展開して初めて分かることなのです（くれぐれも、展開すれば誰でも気づくとはいっていません。筆者にはとうてい無理です）。

$\sum$ 「べき乗和」の漸化式

$S_k(n)$ を1からnまでのk乗の和としました。ここでは(どれも1からnまでの和という場合は)、$S_k(n)$ を(nを省略して)S_kと記すことにします。

まずはS_kの漸化式を求めますが、このとき利用するのが次の等式です。係数は二項係数となってきます。

$$k^2-(k-1)^2=2k-1$$

$$k^3-(k-1)^3=3k^2-3k+1$$

$$k^4-(k-1)^4=4k^3-6k^2+4k-1$$

$$k^5-(k-1)^5=5k^4-10k^3+10k^2-5k+1$$

例えば(上の右辺を昇べき順に並べかえた)「$k^2-(k-1)^2=-1+2k$」からは、次のようになってきます。

$$\begin{array}{lll}
k=1 & \Rightarrow & 1^2-0^2=-1+2\cdot 1 \\
k=2 & \Rightarrow & 2^2-1^2=-1+2\cdot 2 \\
k=3 & \Rightarrow & 3^2-2^2=-1+2\cdot 3 \\
\cdots & & \cdots\cdots \\
k=n & \Rightarrow & +)\ \underline{n^2-(n-1)^2=-1+2\cdot n} \\
 & & n^2=-S_0+2S_1
\end{array}$$

「$k^2-(k-1)^2=-1+2k$」から求めた上の計算を再記すると、次の通りです。ここで$\displaystyle\sum_{k=1}^{n} f(k)$ は、$f(k)$ のkに$k=1$、…、nを

代入して、それらをたし算する記号です（Σはシグマ）。

$$\sum_{k=1}^{n}\{k^2-(k-1)^2\}=-\sum_{k=1}^{n}1+2\sum_{k=1}^{n}k$$

$$n^2=-S_0+2S_1$$

同様に「$k^3-(k-1)^3=1-3k+3k^2$」からは、次のようになってきます。

$$\sum_{k=1}^{n}\{k^3-(k-1)^3\}=\sum_{k=1}^{n}1-3\sum_{k=1}^{n}k+3\sum_{k=1}^{n}k^2$$

$$n^3=S_0-3S_1+3S_2$$

同様にして、次のように求まります。二項係数に着目です。

$$S_0=n$$
$$-S_0+2S_1=n^2$$
$$S_0-3S_1+3S_2=n^3$$
$$-S_0+4S_1-6S_2+4S_3=n^4$$
$$S_0-5S_1+10S_2-10S_3+5S_4=n^5$$

Σ 「べき乗和」の連立方程式

それでは上の連立方程式を解いて、S_kを求めていきましょう。

例えば、S_0とS_1を求めたい場合は、次の2つの連立方程式から求めます（$S_0=n$はすでに求まっていますが…）。

普通は代入法で解きますが、ここでは（後で一気にやりたいので）加減法を用います。そのため、まずは2個でリハーサルです。

$$\begin{cases} S_0 = n \\ -S_0 + 2S_1 = n^2 \end{cases}$$

$$\Downarrow$$

$$\begin{cases} 1S_0 + 0S_1 = 1n + 0n^2 \\ -1S_0 + 2S_1 = 0n + 1n^2 \end{cases} \Longleftrightarrow \begin{pmatrix} 1 & 0 \\ -1 & 2 \end{pmatrix} \begin{pmatrix} 1 & 0 \\ 0 & 1 \end{pmatrix}$$

上の右側は、左側の左辺と右辺を省略したものです。このため何倍かして加減するときは、必ず2つの行を連動させます。

上の2式をたすと、S_0が消えて S_1が求まります。

$$\begin{array}{rr} & 1S_0 + 0S_1 = 1n + 0n^2 \\ +) & -1S_0 + 2S_1 = 0n + 1n^2 \\ \hline & 2S_1 = 1n + 1n^2 \end{array} \Longleftrightarrow \begin{array}{c} \begin{pmatrix} 1 & 0 \\ -1 & 2 \end{pmatrix} \begin{pmatrix} 1 & 0 \\ 0 & 1 \end{pmatrix} \\ \begin{pmatrix} 1 & 0 \\ 0 & 2 \end{pmatrix} \begin{pmatrix} 1 & 0 \\ 1 & 1 \end{pmatrix} \end{array}$$

右側では（連動して）1行目を2行目にたしています。その結果である左（0　2）は$0S_0+2S_1$を表し、右（1　1）は $1n+1n^2$を表しています。

最初の$\begin{pmatrix} 1 & 0 \\ -1 & 2 \end{pmatrix}\begin{pmatrix} 1 & 0 \\ 0 & 1 \end{pmatrix}$は、右の対角線が「1　1」です。行を何倍かして加減することで、今度は左の対角線以外は0になるようにしました。今回は$\begin{pmatrix} 1 & 0 \\ 0 & 2 \end{pmatrix}\begin{pmatrix} 1 & 0 \\ 1 & 1 \end{pmatrix}$と、左の対角線は「1　2」となっています。

$$\begin{pmatrix}1&0\\0&2\end{pmatrix}\begin{pmatrix}1&0\\1&1\end{pmatrix}\Longleftrightarrow\begin{cases}1S_0+0S_1=1n+0n^2\\0S_0+2S_1=1n+1n^2\end{cases}$$

$$\Downarrow$$

$$\begin{cases}S_0=n\\2S_1=n+n^2\quad\Rightarrow\quad S_1=\dfrac{n}{2}+\dfrac{n^2}{2}\end{cases}$$

問　p.45の連立方程式を（加減法で）解いて、S_0、S_1、S_2、S_3、S_4を（一気に）求めましょう。

$$\begin{pmatrix}1&0&0&0&0\\-1&2&0&0&0\\1&-3&3&0&0\\-1&4&-6&4&0\\1&-5&10&-10&5\end{pmatrix}\quad\begin{pmatrix}1&0&0&0&0\\0&1&0&0&0\\0&0&1&0&0\\0&0&0&1&0\\0&0&0&0&1\end{pmatrix}$$

5行目に4行目をたし、4行目に3行目をたし、…。

$$\begin{pmatrix}1&0&0&0&0\\0&2&0&0&0\\0&-1&3&0&0\\0&1&-3&4&0\\0&-1&4&-6&5\end{pmatrix}\quad\begin{pmatrix}1&0&0&0&0\\1&1&0&0&0\\0&1&1&0&0\\0&0&1&1&0\\0&0&0&1&1\end{pmatrix}$$

5行目に4行目をたし、4行目に3行目をたし、3行目は2倍してから2行目をたすと、

$$\begin{pmatrix} 1 & 0 & 0 & 0 & 0 \\ 0 & 2 & 0 & 0 & 0 \\ 0 & 0 & 6 & 0 & 0 \\ 0 & 0 & 0 & 4 & 0 \\ 0 & 0 & 1 & -2 & 5 \end{pmatrix} \quad \begin{pmatrix} 1 & 0 & 0 & 0 & 0 \\ 1 & 1 & 0 & 0 & 0 \\ 1 & 3 & 2 & 0 & 0 \\ 0 & 1 & 2 & 1 & 0 \\ 0 & 0 & 1 & 2 & 1 \end{pmatrix}$$

5行目を2倍し、その後で4行目をたすと、

$$\begin{pmatrix} 1 & 0 & 0 & 0 & 0 \\ 0 & 2 & 0 & 0 & 0 \\ 0 & 0 & 6 & 0 & 0 \\ 0 & 0 & 0 & 4 & 0 \\ 0 & 0 & 2 & 0 & 10 \end{pmatrix} \quad \begin{pmatrix} 1 & 0 & 0 & 0 & 0 \\ 1 & 1 & 0 & 0 & 0 \\ 1 & 3 & 2 & 0 & 0 \\ 0 & 1 & 2 & 1 & 0 \\ 0 & 1 & 4 & 5 & 2 \end{pmatrix}$$

さらに5行目を −3倍し、その後で3行目をたすと、

$$\begin{pmatrix} 1 & 0 & 0 & 0 & 0 \\ 0 & 2 & 0 & 0 & 0 \\ 0 & 0 & 6 & 0 & 0 \\ 0 & 0 & 0 & 4 & 0 \\ 0 & 0 & 0 & 0 & -30 \end{pmatrix} \quad \begin{pmatrix} 1 & 0 & 0 & 0 & 0 \\ 1 & 1 & 0 & 0 & 0 \\ 1 & 3 & 2 & 0 & 0 \\ 0 & 1 & 2 & 1 & 0 \\ 1 & 0 & -10 & -15 & -6 \end{pmatrix}$$

これで、次が求まりました。

$$
\begin{aligned}
1S_0 &= 1n & &\Rightarrow \boxed{S_0 = n}\\
2S_1 &= 1n + 1n^2 & &\Rightarrow \boxed{S_1 = \frac{n}{2} + \frac{n^2}{2}}\\
6S_2 &= 1n + 3n^2 + 2n^3 & &\Rightarrow \boxed{S_2 = \frac{n}{6} + \frac{n^2}{2} + \frac{n^3}{3}}\\
4S_3 &= 1n^2 + 2n^3 + 1n^4 & &\Rightarrow \boxed{S_3 = \frac{n^2}{4} + \frac{n^3}{2} + \frac{n^4}{4}}\\
-30S_4 &= 1n - 10n^3 - 15n^4 - 6n^5 & &\Rightarrow \boxed{S_4 = -\frac{n}{30} + \frac{n^3}{3} + \frac{n^4}{2} + \frac{n^5}{5}}
\end{aligned}
$$

さて「nの係数」に、見覚えのある数が並んでいますね。

$$
\begin{aligned}
S_0 &= n & &\leftarrow\ 1n & &\Longleftrightarrow\ B_0 = 1\\
S_1 &= \frac{n}{2} + \frac{n^2}{2} & &\leftarrow\ \frac{1}{2}n & &\Longleftrightarrow\ B_1 = \frac{1}{2}\\
S_2 &= \frac{n}{6} + \frac{n^2}{2} + \frac{n^3}{3} & &\leftarrow\ \frac{1}{6}n & &\Longleftrightarrow\ B_2 = \frac{1}{6}\\
S_3 &= \frac{n^2}{4} + \frac{n^3}{2} + \frac{n^4}{4} & &\leftarrow\ 0n & &\Longleftrightarrow\ B_3 = 0\\
S_4 &= -\frac{n}{30} + \frac{n^3}{3} + \frac{n^4}{2} + \frac{n^5}{5} & &\leftarrow\ -\frac{1}{30}n & &\Longleftrightarrow\ B_4 = -\frac{1}{30}
\end{aligned}
$$

「nの係数」がベルヌーイ数になっているのは、じつは不思議でも何でもありません。これから見ていきましょう。

まず（p.35の）ベルヌーイ数の漸化式は、次の通りでした。（求めていく）B_kの係数が正となっている方の漸化式です。

$$B_0 = 1$$

$$-B_0 + 2B_1 = 0$$

$$B_0 - 3B_1 + 3B_2 = 0$$

$$-B_0 + 4B_1 - 6B_2 + 4B_3 = 0$$

$$B_0 - 5B_1 + 10B_2 - 10B_3 + 5B_4 = 0$$

B_0、B_1、B_2、B_3、B_4を求めるのに、この連立方程式を（加減法で）解きます。

$$\begin{pmatrix} 1 & 0 & 0 & 0 & 0 \\ -1 & 2 & 0 & 0 & 0 \\ 1 & -3 & 3 & 0 & 0 \\ -1 & 4 & -6 & 4 & 0 \\ 1 & -5 & 10 & -10 & 5 \end{pmatrix} \quad \begin{pmatrix} 1 \\ 0 \\ 0 \\ 0 \\ 0 \end{pmatrix}$$

もちろん、もう一度やったりはしません。左はp.47の左と全く同じで、右はp.47の右の1列目と同じなのです。

求まってくる結果も、左はp.48の左と全く同じで、右はp.48の右の1列目となります。

その右の1列目からは（左の数で割ると）「nの係数」が求まったのです。そもそもベルヌーイ数の漸化式は、この「nの係数」を求める式として登場したものです。

《 nの係数 》

ベルヌーイ数B_kは、べき乗和 $S_k(n)$

$$S_k(n) = 1^k + 2^k + 3^k + \cdots + n^k$$

を表す多項式の「nの係数」となっている。

∑ 「べき乗和」≒「パスカルの三角形」×「ベルヌーイ数」

べき乗和 $S_k(n) = 1^k + 2^k + 3^k + \cdots + n^k$ を、展開した形で求めてみました。

次の式は、p.49の式をnの降べき順に並べかえたもので、S_kは$S_k(n)$の略です。

$$S_0 = n$$

$$S_1 = \frac{n^2}{2} + \frac{n}{2} = \frac{1}{2}(n^2 + n)$$

$$S_2 = \frac{n^3}{3} + \frac{n^2}{2} + \frac{n}{6} = \frac{1}{3}\left(n^3 + \frac{3}{2}n^2 + \frac{1}{2}n\right)$$

$$S_3 = \frac{n^4}{4} + \frac{n^3}{2} + \frac{n^2}{4} = \frac{1}{4}(n^4 + 2n^3 + n^2)$$

$$S_4 = \frac{n^5}{5} + \frac{n^4}{2} + \frac{n^3}{3} - \frac{n}{30} = \frac{1}{5}\left(n^5 + \frac{5}{2}n^4 + \frac{5}{3}n^3 + \left(-\frac{1}{6}\right)n\right)$$

同じ式を見ていても、天才には何かが降りてくるものなのでしょうか。(筆者には) 展開した形を見ても、やっぱりS_5から先なんて見当もつきません。

まずは上式の(　)の中の係数を並べてみます$\left(S_0=\frac{1}{1}(1n)\right)$。

1				
1	1			
1	$\frac{3}{2}$	$\frac{1}{2}$		
1	2	1	0	
1	$\frac{5}{2}$	$\frac{5}{3}$	0	$-\frac{1}{6}$

次の右側は、パスカルの三角形の右端の1を消したものです。

1					
1	1				
1	2	1			
1	3	3	1		
1	4	6	4	1	
1	5	10	10	5	1

➡

1				
1	2			
1	3	3		
1	4	6	4	
1	5	10	10	5

下記の2つの三角形は、左の方は (パスカルの三角形から出てきた) 上の右側です。

右の方は（べき乗和の「nの係数」である）ベルヌーイ数を、どの行も毎回$B_0=1$から始めて順に並べたものです。1行目は「B_0」、2行目は「B_0、B_1」、3行目は「B_0、B_1、B_2」、…。

$$\left(B_0=1、B_1=\frac{1}{2}、B_2=\frac{1}{6}、B_3=0、B_4=-\frac{1}{30}\right)$$

$$\begin{array}{ccccc} & & 1 & & \\ & 1 & & 2 & \\ 1 & & 3 & & 3 \\ 1 & 4 & & 6 & 4 \\ 1 & 5 & 10 & 10 & 5 \end{array} \qquad \begin{array}{ccccc} 1 \\ 1 & \frac{1}{2} \\ 1 & \frac{1}{2} & \frac{1}{6} \\ 1 & \frac{1}{2} & \frac{1}{6} & 0 \\ 1 & \frac{1}{2} & \frac{1}{6} & 0 & -\frac{1}{30} \end{array}$$

問 上記の2つの三角形とp.52の（上の方の）三角形には、どんな関係があるでしょうか。

$$\begin{array}{ccccc} & & 1 & & \\ & 1 & & 2 & \\ 1 & & 3 & & 3 \\ 1 & 4 & & 6 & 4 \\ 1 & 5 & 10 & 10 & 5 \end{array} \quad \times \quad \begin{array}{ccccc} 1 \\ 1 & \frac{1}{2} \\ 1 & \frac{1}{2} & \frac{1}{6} \\ 1 & \frac{1}{2} & \frac{1}{6} & 0 \\ 1 & \frac{1}{2} & \frac{1}{6} & 0 & -\frac{1}{30} \end{array}$$

$$
=\begin{array}{|ccccccccc|}
\hline
 & & & & 1 & & & & \\
 & & & 1 & & 1 & & & \\
 & & 1 & & \frac{3}{2} & & \frac{1}{2} & & \\
 & 1 & & 2 & & 1 & & 0 & \\
1 & & \frac{5}{2} & & \frac{5}{3} & & 0 & & -\frac{1}{6} \\
\hline
\end{array}
\begin{array}{l}
\longleftarrow 1\cdot 1 \\
\longleftarrow 1\cdot 1 \quad 2\cdot\frac{1}{2} \\
\longleftarrow 1\cdot 1 \quad 3\cdot\frac{1}{2} \quad 3\cdot\frac{1}{6} \\
\longleftarrow 1\cdot 1 \quad 4\cdot\frac{1}{2} \quad 6\cdot\frac{1}{6} \quad 4\cdot 0 \\
\longleftarrow 1\cdot 1 \quad 5\cdot\frac{1}{2} \quad 10\cdot\frac{1}{6} \quad 10\cdot 0 \quad 5\cdot\left(-\frac{1}{30}\right)
\end{array}
$$

それぞれの三角形の対応する数をかけると、p.52の（上の方の）三角形 になっていますね。

つまり、次のようになっています。

$$S_0=n=1\cdot 1n$$

$$S_1=\frac{n^2}{2}+\frac{n}{2}=\frac{1}{2}\left(1n^2+2\cdot\frac{1}{2}n\right)$$

$$S_2=\frac{n^3}{3}+\frac{n^2}{2}+\frac{n}{6}=\frac{1}{3}\left(1n^3+3\cdot\frac{1}{2}n^2+3\cdot\frac{1}{6}n\right)$$

$$S_3=\frac{n^4}{4}+\frac{n^3}{2}+\frac{n^2}{4}=\frac{1}{4}\left(1n^4+4\cdot\frac{1}{2}n^3+6\cdot\frac{1}{6}n^2+4\cdot 0n\right)$$

$$S_4=\frac{n^5}{5}+\frac{n^4}{2}+\frac{n^3}{3}-\frac{n}{30}$$

$$=\frac{1}{5}\left(1n^5+5\cdot\frac{1}{2}n^4+10\cdot\frac{1}{6}n^3+10\cdot 0n^2+5\cdot\left(-\frac{1}{30}\right)n\right)$$

（天から何かが降りてきて）この規則性に気づけば、この先も S_5、S_6、……と次々に求まります。ただし、その前に（p.40の漸化式から、「nの係数」である）ベルヌーイ数を求めておく必要はありますが…。

問 まずB_5やB_6を求め、次にS_5やS_6を求めましょう。
（$B_0=1$、$B_1=\frac{1}{2}$、$B_2=\frac{1}{6}$、$B_3=0$、$B_4=-\frac{1}{30}$までは、すでにp.49で求めました。）

《B_5》

1　5　10　10　5　(1)

1　6　15　20　15　6　(1)

$$B_0-6B_1+15B_2-20B_3+15B_4-6B_5=0$$

$$1-6\cdot\frac{1}{2}+15\cdot\frac{1}{6}-20\cdot 0+15\cdot\left(-\frac{1}{30}\right)=6B_5$$

$$1-3+\frac{5}{2}-\frac{1}{2}=6B_5$$

$$\boxed{0=B_5}$$

B_5の5は奇数で、確かに$B_5=0$と出てきましたね。

$$S_5=\frac{1}{6}\left(1n^6+6\cdot\frac{1}{2}n^5+15\cdot\frac{1}{6}n^4+20\cdot 0n^3+15\cdot\left(-\frac{1}{30}\right)n^2+6\cdot\boxed{0}\,n\right)$$

$$\boxed{S_5=\frac{n^6}{6}+\frac{n^5}{2}+\frac{5n^4}{12}-\frac{n^2}{12}}$$

《B_6》

$$\begin{array}{ccccccccccccccc} & 1 & & 6 & & 15 & & 20 & & 15 & & 6 & & (1) & \\ 1 & & 7 & & 21 & & 35 & & 35 & & 21 & & 7 & & (1) \end{array}$$

$$B_0-7B_1+21B_2-35B_3+35B_4-21B_5+7B_6=0$$

$$1-7\cdot\frac{1}{2}+21\cdot\frac{1}{6}-35\cdot0+35\cdot\left(-\frac{1}{30}\right)-21\cdot0=-7B_6$$

$$1-\frac{7}{2}+\frac{7}{2}-\frac{7}{6}=-7B_6$$

$$-\frac{1}{6}=-7B_6$$

$$\boxed{\frac{1}{42}=B_6}$$

$$S_6=\frac{1}{7}\left(1n^7+7\cdot\frac{1}{2}n^6+21\cdot\frac{1}{6}n^5+35\cdot0n^4\right.$$

$$\left.+35\cdot\left(-\frac{1}{30}\right)n^3+21\cdot0n^2+7\cdot\boxed{\frac{1}{42}}n\right)$$

$$\boxed{S_6=\frac{n^7}{7}+\frac{n^6}{2}+\frac{n^5}{2}-\frac{n^3}{6}+\frac{n}{42}}$$

Σ｜ファウルハーバーの公式

p.54の式（を一般化したもの）が、「べき乗和」を求める「ファウルハーバーの公式」です。　(引用文献［1］参照)

＊　＊　＊　＊　＊

ヨハン・ファウルハーバーは、ウルムの偉大な算術家として活躍していた時期もありましたが、今ではほとんど忘れられている人物です。彼はその著書*Academiae Algebrae*（1631）の中で、高次のべき乗の総和を求める公式を与えています。

$$
\begin{aligned}
&1^{k-1}+2^{k-1}+\cdots+n^{k-1}= \\
&\quad \frac{1}{k}\left[n^k+\binom{k}{1}n^{k-1}\times\frac{1}{2}+\binom{k}{2}n^{k-2}\times\frac{1}{6}+\right. \\
&\qquad\qquad \left.\binom{k}{3}n^{k-3}\times 0+\binom{k}{4}n^{k-4}\times\frac{-1}{30}+\cdots\right]
\end{aligned}
$$

（略）

ファウルハーバーの公式に現れるこれらの定数は、**ベルヌーイ数**として知られています。ヤーコプ・ベルヌーイは、ファウルハーバーによるものとしながらも、彼の死後に出版された傑作*Ars Conjectandi*（1713）の中で、この数を集中的に議論しています。

（引用文献［1］p.121 ～ 122より）

＊　＊　＊　＊　＊

ここに現れた1、$\frac{1}{2}$、$\frac{1}{6}$、0、$\frac{-1}{30}$、… をベルヌーイ数と呼んだのは、もちろんベルヌーイ自身ではありません。数学者オイラーです。じつは日本の誇る和算家関孝和も、「べき乗和」の公式やベルヌーイ数を発見していました。でもさすがのオイラーも、そんなことは知る由もありません。ちなみに関孝和の著作『括要算法』（1712）が出版されたのも、彼の死後のことでした。

それでは、いよいよ「ファウルハーバーの公式」を出していきましょう。

まず「“　”で囲んだBの入った式」を、“　”の中の式を(最後まで)展開したときの、B^mをB_mとしたものと定義します。

例えば“$(n+B)^k$”は、次のようになります。

$$(n+B)^k=n^k+kB^1n^{k-1}+\binom{k}{2}B^2n^{k-2}+\cdots+\binom{k}{k-1}B^{k-1}n+B^k$$

⬇

$$“(n+B)^k”=n^k+kB_1n^{k-1}+\binom{k}{2}B_2n^{k-2}+\cdots+\binom{k}{k-1}B_{k-1}n+B_k$$

さらに“$(n-1+B)^k$”を求めるため、$(n-1+B)^k$を展開してみます。

$$\begin{aligned}(n-1+B)^k&=(n+B-1)^k\\&=n^k+k(B-1)^1n^{k-1}+\binom{k}{2}(B-1)^2n^{k-2}\\&\quad+\cdots+\binom{k}{k-1}(B-1)^{k-1}n+(B-1)^k\end{aligned}$$

ここからさらに、$(B-1)^1$、$(B-1)^2$、……、$(B-1)^k$を展開するのですが、例えば$(B-1)^3$を展開すると、次のようになります。

$$(B-1)^3=B^3-3B^2+3B-1$$

ここで（途中ですが）B^m を B_m としたものを見てみます。

$$\begin{aligned}“(B-1)^3” &= B_3-3B_2+3B_1-B_0\\ &= B_3-(3B_2-3B_1+B_0)\end{aligned}$$

ところが、ベルヌーイ数の漸化式（定義）から

$$(3B_2-3B_1+B_0)=0$$

なので、$“(B-1)^3”=B_3-0=B_3$ です。

他も同様に、$“(B-1)^2”=B_2$、…、$“(B-1)^k”=B_k$ となります。

ところが $“(B-1)^1”$ だけは、$“(B-1)^1” \neq B_1$ です。

$(B-1)^1=B^1-1$ なので、$“(B-1)^1”=B_1-1=\dfrac{1}{2}-1=-\dfrac{1}{2}$ です。

ちなみに、最後まで展開してから B^m を B_m とし、その後で漸化式を用いても結果は同じです。

以上のことと、p.58の $(n-1+B)^k$ を展開した式から、$“(n-1+B)^k”$ は次のようになります。

$$“(n-1+B)^k”=n^k+k\left(-\frac{1}{2}\right)n^{k-1}+\binom{k}{2}B_2n^{k-2}+\cdots+\binom{k}{k-1}B_{k-1}n+B_k$$

結局のところ、“$(n+B)^k$” と “$(n-1+B)^k$” との違いは n^{k-1} の項だけです。これらの差は次のようになります。

$$
\begin{aligned}
\text{“}(n+B)^{k}\text{”} - \text{“}(n-1+B)^{k}\text{”} &= kB_1 n^{k-1} - k\left(-\frac{1}{2}\right) n^{k-1} \\
&= k\frac{1}{2} n^{k-1} - k\left(-\frac{1}{2}\right) n^{k-1} \\
&= kn^{k-1}
\end{aligned}
$$

これで（これから用いる）次の式が出てきました。

$$
\text{“}(n+B)^{k}\text{”} - \text{“}(n-1+B)^{k}\text{”} = kn^{k-1}
$$

上の式から、いつものようにやっていきます。

$$
\begin{aligned}
\text{“}(n+B)^{k}\text{”} - \text{“}(n-1+B)^{k}\text{”} &= kn^{k-1} \\
\text{“}(n-1+B)^{k}\text{”} - \text{“}(n-2+B)^{k}\text{”} &= k(n-1)^{k-1} \\
\text{“}(n-2+B)^{k}\text{”} - \text{“}(n-3+B)^{k}\text{”} &= k(n-2)^{k-1} \\
\cdots\cdots\cdots\cdots\cdots\cdots & \cdots\cdots\cdots \\
\text{“}(2+B)^{k}\text{”} - \text{“}(1+B)^{k}\text{”} &= k2^{k-1} \\
+)\qquad \text{“}(1+B)^{k}\text{”} - \text{“}(0+B)^{k}\text{”} &= k1^{k-1} \\
\hline
\text{“}(n+B)^{k}\text{”} - \text{“}(0+B)^{k}\text{”} &= kS_{k-1} \\
\frac{1}{k}\left[\text{“}(n+B)^{k}\text{”} - \text{“}B^{k}\text{”}\right] &= S_{k-1}
\end{aligned}
$$

ここで［　］の中は次の通りです（次の通り、“$(n+B)^k$”の最後

の項 B_k は、$-$“B^k”$=-B_k$ で消されます）。

$$“(n+B)^k” - “B^k” = n^k + \binom{k}{1}B_1 n^{k-1} + \binom{k}{2}B_2 n^{k-2} + \cdots + \binom{k}{k-1}B_{k-1}n + \cancel{B_k} - \cancel{B_k}$$

これで「ファウルハーバーの公式」が出てきました。

ファウルハーバーの公式 $\left(B_1=\frac{1}{2}\right)$

$$S_{k-1}(n) = \frac{1}{k}\left[\binom{k}{0}B_0 n^k + \binom{k}{1}B_1 n^{k-1} + \binom{k}{2}B_2 n^{k-2} + \cdots + \binom{k}{k-1}B_{k-1}n\right]$$

（B_0、B_1、B_2、…、B_{k-1} はベルヌーイ数）

ここで $\binom{k}{k-1}=\binom{k}{1}=k$ です。確かに $S_{k-1}(n)$ の「n の係数」は $\frac{1}{k}\times kB_{k-1}=B_{k-1}$ となっていますね。

この公式で $n=1$ と置くと、次の式が出てきます。このとき左辺は「1項までの和」で、（k によらず）$S_{k-1}(1)=1^{k-1}=1$ です。

$$1 = \frac{1}{k}\left[\binom{k}{0}B_0 + \binom{k}{1}B_1 + \binom{k}{2}B_2 + \cdots + \binom{k}{k-1}B_{k-1}\right]$$

つまり、次が成り立ちます。

$$k=\binom{k}{0}B_0+\binom{k}{1}B_1+\binom{k}{2}B_2+\binom{k}{3}B_3+\cdots+\binom{k}{k-1}B_{k-1}$$

$$B_0+2B_1=2$$
$$B_0+3B_1+3B_2=3$$
$$B_0+4B_1+6B_2+4B_3=4$$
$$B_0+5B_1+10B_2+10B_3+5B_4=5$$

左辺のkを移項して、$k=\binom{k}{1}$でまとめると、

$$0=\binom{k}{0}B_0+\binom{k}{1}(B_1-1)+\binom{k}{2}B_2+\cdots+\binom{k}{k-1}B_{k-1}$$

となります。

ここでB_1-1をB_1^*に置きかえたのが、p.42上の次の式です。

$$0=\binom{k}{0}B_0+\binom{k}{1}B_1^*+\binom{k}{2}B_2+\binom{k}{3}B_3+\cdots+\binom{k}{k-1}B_{k-1}$$

（B_1^*版の）ベルヌーイ数の漸化式は、この式とすることが多いようです。

∑ 「べき乗和」の公式 (2)

それでは$B_1^*=-\dfrac{1}{2}$のとき、「ファウルハーバーの公式」に相当する「べき乗和」の公式はどうなってくるのでしょうか。

問 $B_1^*=-\dfrac{1}{2}$のとき、「べき乗和」の公式を求めましょう。

ファウルハーバーの公式に、$B_1=\dfrac{1}{2}=1+\left(-\dfrac{1}{2}\right)=1+B_1^*$を代入します。

$$S_{k-1}(n)=\frac{1}{k}\left[\binom{k}{0}B_0n^k+\binom{k}{1}(1+B_1^*)\,n^{k-1}+\binom{k}{2}B_2n^{k-2}+\cdots+\binom{k}{k-1}B_{k-1}n\right]$$

右辺の$(1+B_1^*)$の1を含む項$\dfrac{1}{k}\left[\binom{k}{1}1\cdot n^{k-1}\right]=\dfrac{1}{k}\cdot k\cdot n^{k-1}$ $=n^{k-1}$ を移項すると、次のようになります。

$$S_{k-1}(n)-n^{k-1}=\frac{1}{k}\left[\binom{k}{0}B_0n^k+\binom{k}{1}B_1^*n^{k-1}+\binom{k}{2}B_2n^{k-2}+\cdots+\binom{k}{k-1}B_{k-1}n\right]$$

この左辺は、次の通りです。

$$
\begin{aligned}
S_{k-1}(n) - n^{k-1} &= (1^{k-1} + 2^{k-1} + \cdots + n^{k-1}) - n^{k-1} \\
&= 1^{k-1} + 2^{k-1} + \cdots + (n-1)^{k-1} \\
&= S_{k-1}(n-1)
\end{aligned}
$$

これで$B_1^* = -\dfrac{1}{2}$のときの「べき乗和」の公式が求まりました。

「べき乗和」の公式 $\left(B_1^* = -\dfrac{1}{2}\right)$

$$
\begin{aligned}
S_{k-1}(n-1) = \frac{1}{k}\Bigg[&\binom{k}{0}B_0 n^k + \binom{k}{1}B_1^* n^{k-1} + \binom{k}{2}B_2 n^{k-2} \\
&+ \cdots + \binom{k}{k-1}B_{k-1} n\Bigg]
\end{aligned}
$$

(B_0、B_1^*、B_2、…、B_{k-1}はベルヌーイ数)

∑ 奇数番目のベルヌーイ数

奇数番目のベルヌーイ数は、B_1の他は$B_{2n+1}=0$(となっていることを後で示す)という話でしたね。

いよいよ、これを示すときがやってきました。

ベルヌーイ数の(p.40の)漸化式から、(両辺に-1をかけて)B_{2n+1}の符号を$+$にすると、次の通りです。

$$-B_0+2B_1=0$$
$$-B_0+3B_1-3B_2=0$$
$$-B_0+4B_1-6B_2+4B_3=0$$
$$-B_0+5B_1-10B_2+10B_3-5B_4=0$$
$$-B_0+6B_1-15B_2+20B_3-15B_4+6B_5=0$$

他方で、p.62の（まん中の）式から次が出てきます。

$$B_0+2(B_1-1)=0$$
$$B_0+3(B_1-1)+3B_2=0$$
$$B_0+4(B_1-1)+6B_2+4B_3=0$$
$$B_0+5(B_1-1)+10B_2+10B_3+5B_4=0$$
$$B_0+6(B_1-1)+15B_2+20B_3+15B_4+6B_5=0$$

これらの1行目どうしから、次のようになります。

$$\begin{array}{rr} & -B_0+2B_1=0 \\ +) & B_0+2(B_1-1)=0 \\ \hline & 2\{B_1+(B_1-1)\}=0 \end{array}$$

まず$B_1+(B_1-1)=0$です。これより$B_1=\frac{1}{2}$と求まります。B_1は例外的に0ではなかったですね。

問 p.65の3行目どうしからB_3を、5行目どうしからB_5を求めましょう。

(B_3が入っている)3行目どうしから次のようになります。

$$
\begin{array}{rr}
 & -B_0+4B_1-6B_2+4B_3=0 \\
+) & B_0+4(B_1-1)+6B_2+4B_3=0 \\
\hline
 & 4\{B_1+(B_1-1)\}+8B_3=0
\end{array}
$$

$B_1+(B_1-1)=0$なので、$\boxed{B_3=0}$です。

(B_5が入っている)5行目どうしから次のようになります。

$$
\begin{array}{rr}
 & -B_0+6B_1-15B_2+20B_3-15B_4+6B_5=0 \\
+) & B_0+6(B_1-1)+15B_2+20B_3+15B_4+6B_5=0 \\
\hline
 & 6\{B_1+(B_1-1)\}+40B_3\qquad+12B_5=0
\end{array}
$$

$B_1+(B_1-1)=0$、$B_3=0$なので、$\boxed{B_5=0}$です。

以下同様にして、順に$B_7=0$、$B_9=0$、…と出てきます。

《 奇数番目のベルヌーイ数 》

$$B_1=\frac{1}{2}\left(B_1^*=-\frac{1}{2}\right)\text{を除いて、}B_{2n+1}=0$$

Column

02 パスカルの三角形とフィボナッチ数列

パスカルの三角形は、場合の数を数える際に役立ちます。それぞれの地点に（回り道しないで）到達する道順が何通りあるかが、そこに書かれている数を見れば分かるのです。

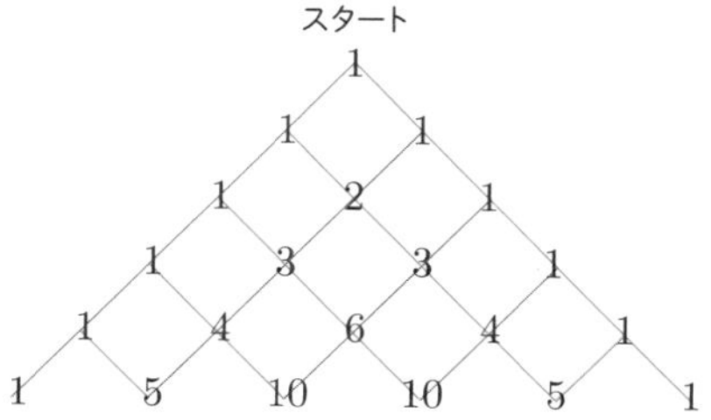

問 パスカルの三角形の数を横に見ていくと、次はどうなるでしょうか。

(1)　n行目の和　（4行目なら $1+4+6+4+1=16$）

(2)　n行目の交代和　（4行目なら $1-4+6-4+1=0$）

1　1 ← 1行目

1　2　1 ← 2行目

1　3　3　1 ← 3行目

1　4　6　4　1 ← 4行目

1　5　10　10　5　1 ← 5行目

p.67の図で、各間を1歩で行くことにすると、4歩なら4行目のどこかに到達します。4歩での行き方は、4行目の数の和で $1+4+6+4+1$ 通りです。ところが1歩につき左下（黒）か右下（青）の2通りなので、4歩なら 2^4（$=16$）通りです。このことから、次が出てきます。

$$1+4+6+4+1=2^4$$

n 歩なら n 行目のどこかに到達します。1歩につき右か左の2通りで、n 歩なら 2^n 通りです。つまり、次が成り立ちます。

$$\binom{n}{0}+\binom{n}{1}+\binom{n}{2}+\cdots+\binom{n}{n-1}+\binom{n}{n}=\boxed{2^n}$$

せっかく図で見てきましたが、二項定理を用いれば（場合の数を抜きにして）(1)(2)は一気に解決します。

(1) $(x+1)^n=\binom{n}{0}x^n+\binom{n}{1}x^{n-1}+\binom{n}{2}x^{n-2}+\cdots+\binom{n}{n}$

$x=1$ を代入すると

$$\boxed{2^n}=\binom{n}{0}+\binom{n}{1}+\binom{n}{2}+\cdots+\binom{n}{n-1}+\binom{n}{n}$$

(2) $(x-1)^n=\binom{n}{0}x^n-\binom{n}{1}x^{n-1}+\binom{n}{2}x^{n-2}-\cdots+(-1)^n\binom{n}{n}$

$x=1$ を代入すると

$$\boxed{0}=\binom{n}{0}-\binom{n}{1}+\binom{n}{2}-\cdots+(-1)^n\binom{n}{n}$$

問 パスカルの三角形の数を、次のように斜めにたしていくと、どんな数列になるでしょうか。

1
1　1
1　2　1
1　3　3　1
1　4　6　4　1
1　5　10　10　5　1

$$1$$

$$1$$

$$1+1=2$$

$$1+2=3$$

$$1+3+1=5$$

$$1+4+3=8$$

「1、1、2、3、5、8、…」には見覚えがありますね。「Column 01」に出てきたフィボナッチ数列です。

それにしても、なぜフィボナッチ数列が出てきたのでしょうか。

このことは、(場合の数の) 階段上りの方法で説明がつきます。ただし階段は、一歩で1段か2段を上ることにします (一歩で3段上るなんて危険ですよね。そもそも筆者には無理ですが…)。

階段が0段は (階段ではありませんが)、1通りとします。

階段が1段なら、「1段」を上る1通りだけです。

階段が2段なら、「1段・1段」、「2段」の2通りです。

階段が3段なら、「1段・1段・1段」、「1段・2段」、「2段・1段」の3通りです。

ちなみにこの3通りは、最後の1歩で2種類に分類できます。最後が（2段）の場合は「1段・（2段）」ですが、これは階段が1段の場合の1通りです。最後が（1段）の場合は「1段・1段・（1段）」、「2段・（1段）」ですが、これは階段が2段の場合の2通りです。つまり階段が3段の場合は、1段と2段を合わせた1＋2＝3通りです。

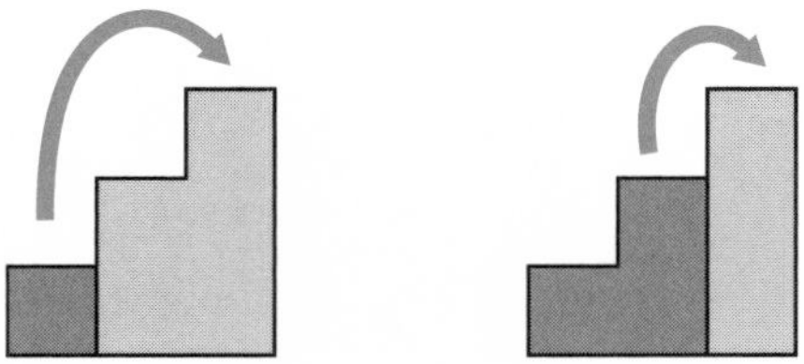

階段が4段の場合も、最後の1歩で分けて考えます。最後2段では残り2段となり2通りです。最後1段では残り3段となり3通りです。合わせて 2＋3＝5 通りです。

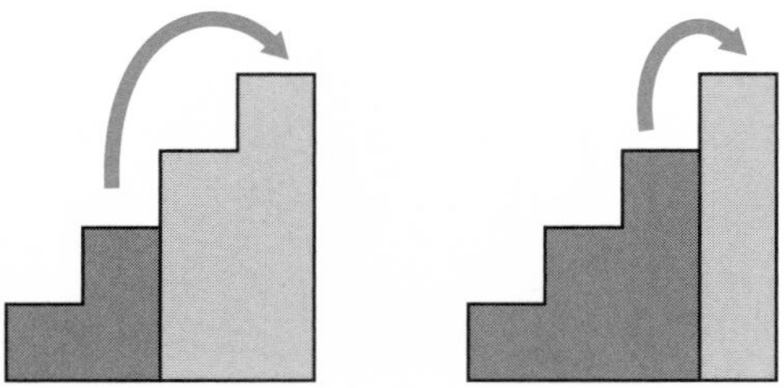

階段の段数が増えても同様です。2段減った「前々の場合」と、1段減った「前の場合」の和となります。つまり、階段上りの場合の数はフィボナッチ数列となります。

ここで（場合の数でよく用いられる）パスカルの三角形です。

p.67の図で、左下（黒）に進むのを一歩で1段、右下（青）に進むのを一歩で2段とします。

すると階段が（0段）、1段、2段、3段、……の場合の上り方を図でたどっていくと、順に斜めの線上のどこかにたどり着きます。つまり斜めの和は、順に（0段）、1段、2段、3段、…の階段上りの場合の数となります。

結論として、パスカルの三角形の数の斜めの和は階段上りの場合の数で、その階段上りの場合の数は フィボナッチ数列 になっているのです。

— MEMO —

3章

ベルヌーイ数を生み出す関数

3章

ベルヌーイ数を生み出す関数

数学者オイラーは、ニュートンやライプニッツが編み出した“魔術的”な微分積分を、今日の“標準的”な教科書にしたといわれています。そんなオイラーが発見したことが、今ではベルヌーイ数の定義となりました。さてそれは、どんな発見だったのでしょうか。

ベルヌーイ数の定義

もしかしたら、あなたが知っているベルヌーイ数の定義とは、ちがっていたかもしれませんね。

それは、関数 $\dfrac{xe^x}{e^x-1}$ のテイラー展開から始まっていたのではないでしょうか（あれっ、$\dfrac{xe^x}{e^x-1}$ でなくて $\dfrac{x}{e^x-1}$ なのでは…、と思われた方は、続きがあるのでご安心ください）。

$$\frac{xe^x}{e^x-1} = B_0 + \frac{B_1}{1!}x + \frac{B_2}{2!}x^2 + \frac{B_3}{3!}x^3 + \cdots$$

この係数に現れたB_0、B_1、B_2、B_3、…をベルヌーイ数と定義することが多いのです。

そもそもベルヌーイ数を定義する漸化式は、p.50で見てきたように、「べき乗和」$S_k(n)=1^k+2^k+3^k+\ \cdots\ +n^k$を表す多項式の「$n$の係数」を求めるためのものでした。つまり漸化式には、それなりの必然性があったのです。

それに比べてこの$\dfrac{xe^x}{e^x-1}$は、いったいどこから降ってわいたというのでしょうか。「べき乗和」を求めるというような、直接的な動機とも、かけ離れているように思えます。

じつはこの$\dfrac{xe^x}{e^x-1}$（のテイラー展開）は、元々は定義ではなく、オイラーによる発見だったのです。

発見を定義にすりかえることは、数学ではめずらしいことではありません。こうすることで能率的に学べるのです。それはよいのですが、発見を追体験する機会が失われるのは残念です。

形式的べき級数

多項式「$a_0+a_1x+a_2x^2+\ \cdots\ +a_nx^n$」に毛が生えたような、（延々と続く）「$a_0+a_1x+a_2x^2+\ \cdots$」を（$x$に数を代入しないので、収束云々を問題にしない）形式的べき級数といいます。

そもそも2つの形式的べき級数が等しいのはどういうときか、その和や積はどうするのか等々、いろいろと定義されています。ここでは、これらのことに立ち入らず、大ざっぱに話を進めていくことにしましょう。

形式的べき級数という発想は、オイラー以前にもあったようです。オイラーはその手法を、戦略的にベルヌーイ数に持ち込みました。

まず、すでに知られていたベルヌーイ数B_0、B_1、B_2、B_3、…を、収束を見越して大きな数$n!$で割り、$\frac{B_0}{0!}$、$\frac{B_1}{1!}$、$\frac{B_2}{2!}$、$\frac{B_3}{3!}$、…とした上で、これらを係数とするべき級数を考えます（$0!=1$）。

$$B_0+\frac{B_1}{1!}x+\frac{B_2}{2!}x^2+\frac{B_3}{3!}x^3+\cdots$$

これが、知っている関数に結びつけられたら大成功です。

そのような関数は、B_0、B_1、B_2、B_3、…を次々に生み出す関数ということで、母関数とか生成関数と呼ばれています。

ちなみに、B_0、B_1、B_2、B_3、…ではなく、すべて1となっている関数は有名ですね。

$$e^x=1+\frac{1}{1!}x+\frac{1}{2!}x^2+\frac{1}{3!}x^3+\cdots$$

上の指数関数を表す記号「e^x」は、オイラーが使い始めたものです。指数（exponent）からと思われますが、オイラー（Euler）の頭文字との説もささやかれているようです。

ベルヌーイ数の母関数

ベルヌーイ数の母関数を $F(x)$ とおいて、これから求めていくことにしましょう。

$$F(x) = B_0 + \frac{B_1}{1!}x + \frac{B_2}{2!}x^2 + \frac{B_3}{3!}x^3 + \cdots$$

それではe^xから1を引いた$(e^x - 1)$と、懸案の$F(x)$をかけてみます。そうすることで、ベルヌーイ数の漸化式に帰着させようという作戦です。

$$\begin{aligned}
&F(x) \times (e^x - 1) \\
&= \left(B_0 + \frac{B_1}{1!}x + \frac{B_2}{2!}x^2 + \frac{B_3}{3!}x^3 + \cdots\right)\left(\frac{1}{1!}x + \frac{1}{2!}x^2 + \frac{1}{3!}x^3 + \cdots\right) \\
&= B_0 x + \left(\frac{B_0}{2!} + \frac{B_1}{1!1!}\right)x^2 + \left(\frac{B_0}{3!} + \frac{B_1}{1!2!} + \frac{B_2}{2!1!}\right)x^3 + \cdots \\
&= B_0 x + \frac{1}{2!}(B_0 + 2B_1)x^2 + \frac{1}{3!}(B_0 + 3B_1 + 3B_2)x^3 + \cdots
\end{aligned}$$

係数に現れた$(B_0 + 2B_1)$や$(B_0 + 3B_1 + 3B_2)$は、これまでにお目にかかりましたね(p.62上参照)。

右辺のx^kの係数には、次が現れてきます。

$$\frac{B_0}{k!}+\frac{B_1}{1!(k-1)!}+\frac{B_2}{2!(k-2)!}+\cdots\cdots+\frac{B_{k-1}}{(k-1)!1!}$$

$$=\frac{1}{k!}\left[B_0+\frac{k!}{1!(k-1)!}B_1+\frac{k!}{2!(k-2)!}B_2+\cdots\cdots+\frac{k!}{(k-1)!1!}B_{k-1}\right]$$

$$=\frac{1}{k!}\left[\binom{k}{0}B_0+\binom{k}{1}B_1+\binom{k}{2}B_2+\cdots\cdots+\binom{k}{k-1}B_{k-1}\right]$$

ここで用いるのが、p.62上の次の式です。

$$k=\binom{k}{0}B_0+\binom{k}{1}B_1+\binom{k}{2}B_2+\binom{k}{3}B_3+\cdots+\binom{k}{k-1}B_{k-1}$$

x^kの係数は$\frac{1}{k!}\times k=\frac{1}{(k-1)!}$となり、$F(x)\times(e^x-1)$は次のようになります。

$$F(x)\times(e^x-1)=x+\frac{1}{1!}x^2+\frac{1}{2!}x^3+\frac{1}{3!}x^4+\cdots$$

$$=x\left(1+\frac{1}{1!}x+\frac{1}{2!}x^2+\frac{1}{3!}x^3+\cdots\right)$$

$$=xe^x$$

$F(x)\times(e^x-1)=xe^x$です。これでベルヌーイ数の母関数$F(x)$が判明しました。$F(x)=\frac{xe^x}{e^x-1}$です。

《 ベルヌーイ数の母関数 $\left(B_1=\dfrac{1}{2}\right)$ 》

$$\frac{xe^x}{e^x-1}=B_0+\frac{B_1}{1!}x+\frac{B_2}{2!}x^2+\frac{B_3}{3!}x^3+\cdots$$

それでは $B_1^*=-\dfrac{1}{2}$ のときの母関数はどうなるのでしょうか。

簡単ですね。$B_1-1=B_1^*$ なので、両辺から x を引けばよいだけです。

$$\frac{xe^x}{e^x-1}-x=B_0+\frac{(B_1-1)}{1!}x+\frac{B_2}{2!}x^2+\frac{B_3}{3!}x^3+\cdots$$

この左辺は、次のようになります。

$$\frac{xe^x}{e^x-1}-x=\frac{xe^x-x(e^x-1)}{e^x-1}=\frac{x}{e^x-1}$$

これで $B_1^*=-\dfrac{1}{2}$ のときの母関数が求まりました。

《 ベルヌーイ数の母関数 $\left(B_1^*=-\dfrac{1}{2}\right)$ 》

$$\frac{x}{e^x-1}=B_0+\frac{B_1^*}{1!}x+\frac{B_2}{2!}x^2+\frac{B_3}{3!}x^3+\cdots$$

母関数から始める

歴史的経緯や感動を別にすると、じつはベルヌーイ数を母関数で定義してから始めた方が、断然お手軽で便利なのです。

例えば2章で見てきた次の結果を、この母関数で定義したとして見ていきましょう。

《 奇数番目のベルヌーイ数 》

$$B_1 = \frac{1}{2} \left(B_1^* = -\frac{1}{2} \right) \text{を除いて、} B_{2n+1} = 0$$

さっそく母関数「$\dfrac{xe^x}{e^x - 1}$」を…といいたいところですが、$B_1 = \dfrac{1}{2}$という例外を取り除くため、$\dfrac{B_1}{1!}x = \dfrac{1}{2}x$を引いた「$\dfrac{xe^x}{e^x - 1} - \dfrac{1}{2}x$」を見てみます。この式で「$x$」を「$-x$」に置きかえて見てみよう、という作戦です。

もし偶数次の項ばかりだと、置きかえても不変です。例えば「$x^2 + x^4 + x^6$」だと$(-x)^2 + (-x)^4 + (-x)^6 = x^2 + x^4 + x^6$です。

でも奇数次の項が混じっていると、変化してしまいます。例えば「$x + x^2 + x^3$」だと$(-x) + (-x)^2 + (-x)^3 = -x + x^2 - x^3$となってしまうのです。

それでは懸案の「$\dfrac{xe^x}{e^x - 1} - \dfrac{1}{2}x$」はどうなるでしょうか。

$$
\begin{aligned}
\frac{-xe^{-x}}{e^{-x}-1}-\frac{1}{2}(-x) &= \frac{(-xe^{-x})\times e^{x}}{(e^{-x}-1)\times e^{x}}+\frac{1}{2}x \\
&= \frac{-x}{1-e^{x}}+\frac{1}{2}x=\frac{x}{e^{x}-1}+\frac{1}{2}x \\
&= \frac{x}{e^{x}-1}+x-\frac{1}{2}x \\
&= \frac{x+x(e^{x}-1)}{e^{x}-1}-\frac{1}{2}x \\
&= \frac{xe^{x}}{e^{x}-1}-\frac{1}{2}x
\end{aligned}
$$

「x」を「$-x$」に置きかえても、「$\dfrac{xe^{x}}{e^{x}-1}-\dfrac{1}{2}x$」は不変ですね。

これで B_1 を除いた奇数番目の B_{2n+1} は、すべて「0」と分かりました。

母関数から始めた漸化式

引き続きベルヌーイ数を、母関数を用いて定義したとして見ていきましょう。今度は逆に、母関数から「ベルヌーイ数の漸化式」を出していきます。

まず、次の $F(x)$ ですが、

$$F(x)=B_0+\frac{B_1}{1!}x+\frac{B_2}{2!}x^2+\frac{B_3}{3!}x^3+\cdots$$

$F(x)$ と (e^x-1) の積は、p.77で見たように、次のようになっています。

$$F(x) \times (e^x - 1)$$

$$= B_0 x + \frac{1}{2!}(B_0 + 2B_1)x^2 + \frac{1}{3!}(B_0 + 3B_1 + 3B_2)x^3 + \cdots$$

ここでx^kの係数は、次の通りです(p.78参照)。

$$\frac{1}{k!}\left[\binom{k}{0}B_0 + \binom{k}{1}B_1 + \binom{k}{2}B_2 + \cdots + \binom{k}{k-1}B_{k-1}\right]$$

ちなみに、ベルヌーイ数を母関数$\dfrac{xe^x}{e^x - 1}$で定義するとは、$F(x) = \dfrac{xe^x}{e^x - 1}$とするということです。このとき上の式の$F(x) \times (e^x - 1)$は、$\dfrac{xe^x}{e^x - 1} \times (e^x - 1) = xe^x$となります。その$xe^x$は、次の通りです(p.76参照)。

$$xe^x = x + \frac{1}{1!}x^2 + \frac{1}{2!}x^3 + \frac{1}{3!}x^4 + \cdots$$

結局のところ、($F(x) \times (e^x - 1)$をこのxe^xとすると)一番上の式は次のようになります。

$$x + \frac{1}{1!}x^2 + \frac{1}{2!}x^3 + \frac{1}{3!}x^4 + \cdots$$
$$= B_0 x + \frac{1}{2!}(B_0 + 2B_1)x^2 + \frac{1}{3!}(B_0 + 3B_1 + 3B_2)x^3 + \cdots$$

後は、両辺の係数を比べるだけです。

[xの係数]　$1 = B_0$

[x^2の係数]　$\dfrac{1}{1!} = \dfrac{1}{2!}(B_0 + 2B_1)$ より　$2 = B_0 + 2B_1$

[x^3の係数]　$\dfrac{1}{2!} = \dfrac{1}{3!}(B_0 + 3B_1 + 3B_2)$ より

$$3 = B_0 + 3B_1 + 3B_2$$

……………………………………………………………

[x^kの係数]

$$\frac{1}{(k-1)!} = \frac{1}{k!}\left[\binom{k}{0}B_0 + \binom{k}{1}B_1 + \binom{k}{2}B_2 + \cdots + \binom{k}{k-1}B_{k-1}\right]$$

より

$$k = \binom{k}{0}B_0 + \binom{k}{1}B_1 + \binom{k}{2}B_2 + \cdots + \binom{k}{k-1}B_{k-1}$$

《 ベルヌーイ数の漸化式 $\left(B_1 = \dfrac{1}{2}\right)$ 》

$$k = \binom{k}{0}B_0 + \binom{k}{1}B_1 + \binom{k}{2}B_2 + \cdots + \binom{k}{k-1}B_{k-1}$$

$$2 = B_0 + 2B_1$$

$$3 = B_0 + 3B_1 + 3B_2$$

$$4 = B_0 + 4B_1 + 6B_2 + 4B_3$$

左辺を移項すると、次の通りです。

$$0=B_0+2\,(B_1-1)$$

$$0=B_0+3\,(B_1-1)+3B_2$$

$$0=B_0+4\,(B_1-1)+6B_2+4B_3$$

$B_1=\dfrac{1}{2}$なので、$(B_1-1)=-\dfrac{1}{2}=-B_1$です。

すでにB_1を除いた奇数番目のB_{2n+1}は、（p.80で見た通り）すべて「0」と分かっているので、「+」を「−」にできます。

$$0=B_0-2B_1$$

$$0=B_0-3B_1+3B_2$$

$$0=B_0-4B_1+6B_2-4B_3$$

これは、p.40のベルヌーイ数の漸化式でしたね。

$(B_1-1)=-B_1$ではなく、$(B_1-1)=B_1^*$としたものが、$B_1^*=-\dfrac{1}{2}$の場合の漸化式です。

《ベルヌーイ数の漸化式$\left(B_1^*=-\dfrac{1}{2}\right)$》

$$0=\binom{k}{0}B_0+\binom{k}{1}B_1^*+\binom{k}{2}B_2+\ \cdots\ +\binom{k}{k-1}B_{k-1}$$

母関数から始めた「べき乗和」の公式

引き続き、ベルヌーイ数を母関数で定義したとして見ていきましょう。次の「べき乗和」の公式を出していきます。

《「べき乗和」の公式 $\left(B_1^* = -\frac{1}{2}\right)$》

$$S_{k-1}(n-1) = \frac{1}{k}\left[\binom{k}{0}B_0 n^k + \binom{k}{1}B_1^* n^{k-1} + \binom{k}{2}B_2 n^{k-2} + \cdots + \binom{k}{k-1}B_{k-1}n\right]$$

（B_0、B_1^*、B_2、…、B_{k-1} はベルヌーイ数）

$B_1^* = -\frac{1}{2}$ の入ったべき乗和 $S_{k-1}(n-1)$ を出していくので、今回用いるのは次の母関数です。

$$\frac{x}{e^x - 1} = B_0 + \frac{B_1^*}{1!}x + \frac{B_2}{2!}x^2 + \frac{B_3}{3!}x^3 + \cdots$$

まずは、$S_{k-1}(n-1) = 1^{k-1} + 2^{k-1} + \cdots + (n-1)^{k-1}$ を出す算段をします。

着目するのは、$\frac{x}{e^x - 1}$ の中にある e^x です。

$$e^x = 1 + \frac{1}{1!}x + \frac{1}{2!}x^2 + \frac{1}{3!}x^3 + \cdots$$

1にどんどん e^x をかけていくと、$1 \times e^x = e^x$、$e^x \times e^x = e^{x+x} = e^{2x}$、$e^{2x} \times e^x = e^{2x+x} = e^{3x}$、…となってきます。

これら $e^{0x}(=1)$、e^{1x}、e^{2x}、e^{3x}、……、$e^{(n-1)x}$ の n 個の和を見てみます（次のページでは、1行目の $e^{0x} = 1$ の1を忘れないように気をつけます）。

$$
\begin{aligned}
e^{0x} &= 1 \\
e^{1x} &= 1+\frac{1}{1!}x+\frac{1^2}{2!}x^2+\frac{1^3}{3!}x^3+\cdots \\
e^{2x} &= 1+\frac{2}{1!}x+\frac{2^2}{2!}x^2+\frac{2^3}{3!}x^3+\cdots \\
e^{3x} &= 1+\frac{3}{1!}x+\frac{3^2}{2!}x^2+\frac{3^3}{3!}x^3+\cdots
\end{aligned}
$$

$$\cdots\cdots\cdots\cdots\cdots\cdots\cdots\cdots$$

$$
+)\qquad e^{(n-1)x} = 1+\frac{(n-1)}{1!}x+\frac{(n-1)^2}{2!}x^2+\frac{(n-1)^3}{3!}x^3+\cdots
$$

$$
e^{0x}+e^{1x}+e^{2x}+e^{3x}+\cdots+e^{(n-1)x}
$$

$$
=1+S_0(n-1)+\frac{S_1(n-1)}{1!}x+\frac{S_2(n-1)}{2!}x^2+\frac{S_3(n-1)}{3!}x^3+\cdots
$$

左辺の「$e^{0x}+e^{1x}+e^{2x}+e^{3x}+\cdots+e^{(n-1)x}$」、つまり「$1+(e^x)^1+(e^x)^2+(e^x)^3+\cdots+(e^x)^{(n-1)}$」には、次の等比数列の和の公式を用います。

$$
1+t+t^2+t^3+\cdots+t^{(n-1)}=\frac{1-t^n}{1-t}=\frac{t^n-1}{t-1}\qquad (t \neq 1)
$$

この等式は、（公式を忘れても）次を展開すれば確認できます。

$$
(1-t)\,(1+t+t^2+t^3+\cdots+t^{(n-1)})
$$

$t = e^x\ (x \neq 0)$ とすると、次のようになります $(e^{0x} = 1)$。

$$1 + e^x + e^{2x} + e^{3x} + \cdots + e^{(n-1)x} = \frac{e^{nx} - 1}{e^x - 1}$$

$$= \frac{x}{e^x - 1} \times \frac{e^{nx} - 1}{x}$$

ここで右辺の各項は、次の通りです。

$$\frac{x}{e^x - 1} = B_0 + \frac{B_1^*}{1!}x + \frac{B_2}{2!}x^2 + \frac{B_3}{3!}x^3 + \cdots$$

$$\frac{e^{nx} - 1}{x} = \frac{n}{1!} + \frac{n^2}{2!}x + \frac{n^3}{3!}x^2 + \cdots$$

これからp.86の式は、(左辺と右辺を入れかえると) 次のようになります。

$$1 + S_0(n-1) + \frac{S_1(n-1)}{1!}x + \frac{S_2(n-1)}{2!}x^2 + \cdots$$

$$= \left(B_0 + \frac{B_1^*}{1!}x + \frac{B_2}{2!}x^2 + \cdots\right)\left(\frac{n}{1!} + \frac{n^2}{2!}x + \frac{n^3}{3!}x^2 + \cdots\right)$$

ここで、この両辺の係数を比較します。

[定数項]

$$1 + S_0(n-1) = B_0 \cdot \frac{n}{1!}$$

$B_0 = 1$ なので、$S_0(n-1) = n - 1$

[xの係数]

$$\frac{S_1(n-1)}{1!} = B_0\frac{n^2}{2!} + \frac{B_1^*}{1!}\frac{n}{1!}$$

$$\begin{aligned}
S_1(n-1) &= \frac{1}{2}\left[\frac{2\cdot 1!}{2!}B_0n^2 + \frac{2\cdot 1!}{1!\,1!}B_1^*n\right] \\
&= \frac{1}{2}\left[\frac{2!}{0!\,2!}B_0n^2 + \frac{2!}{1!\,1!}B_1^*n\right] \\
&= \frac{1}{2}\left[\binom{2}{0}B_0n^2 + \binom{2}{1}B_1^*n\right]
\end{aligned}$$

[x^2の係数]

$$\frac{S_2(n-1)}{2!} = B_0\frac{n^3}{3!} + \frac{B_1^*}{1!}\frac{n^2}{2!} + \frac{B_2}{2!}\frac{n}{1!}$$

$$\begin{aligned}
S_2(n-1) &= \frac{1}{3}\left[\frac{3\cdot 2!}{3!}B_0n^3 + \frac{3\cdot 2!}{1!\,2!}B_1^*n^2 + \frac{3\cdot 2!}{2!\,1!}B_2n\right] \\
&= \frac{1}{3}\left[\frac{3!}{0!\,3!}B_0n^3 + \frac{3!}{1!\,2!}B_1^*n^2 + \frac{3!}{2!\,1!}B_2n\right] \\
&= \frac{1}{3}\left[\binom{3}{0}B_0n^3 + \binom{3}{1}B_1^*n^2 + \binom{3}{2}B_2n\right]
\end{aligned}$$

[x^{k-1}の係数]

$$\frac{S_{k-1}(n-1)}{(k-1)!} = B_0\frac{n^k}{k!} + \frac{B_1^*}{1!}\frac{n^{k-1}}{(k-1)!} + \cdots + \frac{B_{k-1}}{(k-1)!}\frac{n}{1!}$$

$$\begin{aligned}
S_{k-1}(n-1) = \frac{1}{k}\Bigg[&\frac{k\cdot(k-1)!}{k!}B_0n^k + \frac{k\cdot(k-1)!}{1!(k-1)!}B_1^*n^{k-1} \\
&+ \cdots + \frac{k\cdot(k-1)!}{(k-1)!1!}B_{k-1}n\Bigg]
\end{aligned}$$

$$=\frac{1}{k}\left[\frac{k!}{0!\,k!}B_0n^k+\frac{k!}{1!\,(k-1)!}B_1^*n^{k-1}+\cdots+\frac{k!}{(k-1)!\,1!}B_{k-1}n\right]$$

$$=\frac{1}{k}\left[\binom{k}{0}B_0n^k+\binom{k}{1}B_1^*n^{k-1}+\cdots+\binom{k}{k-1}B_{k-1}n\right]$$

$B_1^*=-\frac{1}{2}$の入った「べき乗和」$S_{k-1}(n-1)$が出てきましたね。

ベルヌーイ数では$B_1^*=-\frac{1}{2}$とすることが多いのも、この辺に理由がありそうです。

ファウルハーバーの公式

いよいよ（$B_1=\frac{1}{2}$の入った）ファウルハーバーの公式を出しましょう。もちろん、$B_1=\frac{1}{2}$の場合の母関数から始めたりはしません。上の式に、$B_1^*=-\frac{1}{2}=\frac{1}{2}-1=B_1-1$を代入するだけです。

$$S_{k-1}(n-1)=\frac{1}{k}\left[\binom{k}{0}B_0n^k+\binom{k}{1}(B_1-1)\,n^{k-1}+\binom{k}{2}B_2n^{k-2}+\cdots+\binom{k}{k-1}B_{k-1}n\right]$$

ここで右辺の(B_1-1)の-1を含む項$\frac{1}{k}\left[\binom{k}{1}(-1)\cdot n^{k-1}\right]=-\frac{1}{k}\cdot k\cdot n^{k-1}=-n^{k-1}$を移項します。

すると左辺は、

$$S_{k-1}(n-1)+n^{k-1}=(1^{k-1}+2^{k-1}+\cdots+(n-1)^{k-1})+n^{k-1}$$
$$=S_{k-1}(n)$$

となります。

これでファウルハーバーの公式が出てきました。

$$S_{k-1}(n)=\frac{1}{k}\left[\binom{k}{0}B_0n^k+\binom{k}{1}B_1n^{k-1}+\binom{k}{2}B_2n^{k-2}+\cdots+\binom{k}{k-1}B_{k-1}n\right]$$

03 「ビネの公式」と黄金数

フィボナッチ数列の母関数 $f(x)$ は、すぐに分かります。

フィボナッチ数列を（$a_0 = 0$ から始めて）

$$a_0、a_1、a_2、a_3、\cdots$$

とすると、その作り方は次の通りです。

$$a_0 = 0、a_1 = 1、a_2 = a_1 + a_0、a_3 = a_2 + a_1、\cdots$$

$$[\ a_0 = 0、a_1 = 1、a_2 - a_1 - a_0 = 0、a_3 - a_2 - a_1 = 0、\cdots\ ]$$

これを念頭に、母関数 $f(x)$ に $-x$、$-x^2$ をかけて見てみます。

$$\begin{array}{rrl} & f(x) = & a_0 + a_1x + a_2x^2 + a_3x^3 + \cdots \\ & -xf(x) = & \quad -a_0x - a_1x^2 - a_2x^3 - \cdots \\ +) & -x^2f(x) = & \qquad\qquad -a_0x^2 - a_1x^3 - \cdots \\ \hline & (1-x-x^2)\,f(x) = & a_0 + (a_1 - a_0)\,x + (a_2 - a_1 - a_0)\,x^2 + \cdots \end{array}$$

$$(1-x-x^2)\,f(x) = 1x$$

$$f(x) = \frac{x}{1-x-x^2}$$

これで、フィボナッチ数列の母関数 $f(x)$ が判明しました。

《 フィボナッチ数列の母関数 》

$$\frac{x}{1-x-x^2}=0+1x+1x^2+2x^3+3x^4+5x^5+\cdots$$

ここで、分母を$1-x-x^2=(1-\alpha x)(1-\beta x)$とします。

問 $1-x-x^2=(1-\alpha x)(1-\beta x)$とするとき、$\alpha$、$\beta$を解とする2次方程式を1つ求めましょう。さらに、$\alpha$、$\beta$ $(\alpha>\beta)$を求めましょう。

$$\begin{aligned}1-x-x^2&=(1-\alpha x)(1-\beta x)\\&=1-(\alpha+\beta)x+\alpha\beta x^2\end{aligned}$$

これより、$\alpha+\beta=1$、$\alpha\beta=-1$です。

α、βを解とする2次方程式の1つは、次の通りです。

$$\begin{aligned}x^2-(\alpha+\beta)x+\alpha\beta&=0\\x^2-1x+(-1)&=0\\\boxed{x^2-x-1=0}\end{aligned}$$

これを解くと、

$$x=\frac{1\pm\sqrt{1+4}}{2}=\frac{1\pm\sqrt{5}}{2}$$

$$\alpha=\frac{1+\sqrt{5}}{2}、\beta=\frac{1-\sqrt{5}}{2}$$

この$\alpha=\frac{1+\sqrt{5}}{2}$は、黄金数の名で知られています。

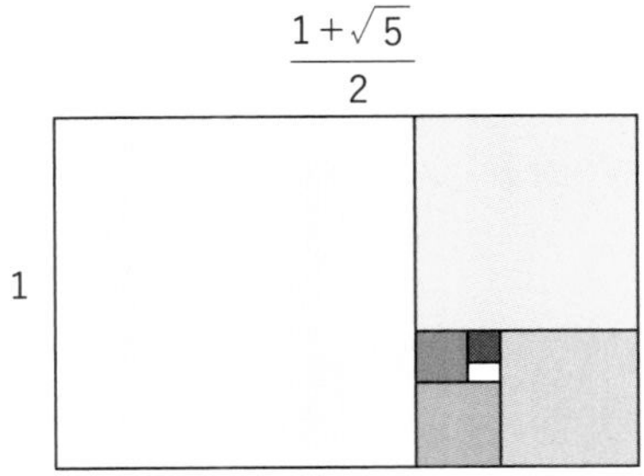

さて、このα、βを用いると、次のようになります。

$$\begin{aligned} f(x) &= \frac{x}{1-x-x^2} \\ &= \frac{x}{(1-\alpha x)(1-\beta x)} \\ &= \frac{1}{(\alpha-\beta)}\left\{\frac{1}{(1-\alpha x)}-\frac{1}{(1-\beta x)}\right\} \qquad \cdots\cdots ① \end{aligned}$$

ここで、$f(x)$、$\frac{1}{1-\alpha x}$、$\frac{1}{1-\beta x}$は次の通りです。

$$f(x)=a_0+a_1x+a_2x^2+a_3x^3+\ \cdots$$

$$\frac{1}{1-\alpha x}=1+\alpha x+\alpha^2x^2+\alpha^3x^3+\ \cdots$$

$$\frac{1}{1-\beta x}=1+\beta x+\beta^2x^2+\beta^3x^3+\ \cdots$$

問 フィボナッチ数列の一般項a_nをα、βを用いて表しましょう。

p.93の式①の「x^nの係数」を比べるだけです。

$$a_n = \frac{1}{(\alpha - \beta)}\{\alpha^n - \beta^n\}$$

この式に

$$\alpha = \frac{1+\sqrt{5}}{2}、\beta = \frac{1-\sqrt{5}}{2}、\alpha - \beta = \sqrt{5}$$

を代入すると、次のビネの公式が出てきます。

ビネの公式

フィボナッチ数列の一般項a_nは、

$$a_n = \frac{1}{\sqrt{5}}\left\{\left(\frac{1+\sqrt{5}}{2}\right)^n - \left(\frac{1-\sqrt{5}}{2}\right)^n\right\}$$

この公式の最初の発見者は、じつはビネではありません。すでにド・モアブルやオイラーによって発表されていました。ちなみにフィボナッチ数列も、インドのヘーマチャンドラによって発見され、書物にも記されていたとのことです。

さてフィボナッチ数列の一般項が分かったところで、(長方形の縦横のような)「2項の比の値からなる数列」を見てみましょう。

問 (0を除いた)フィボナッチ数列

1、1、2、3、5、8、13、21、……

から、次のような「2項の比の値からなる数列」を作ると、どんな数に近づくでしょうか。

$$\frac{1}{1}、\frac{2}{1}、\frac{3}{2}、\frac{5}{3}、\frac{8}{5}、\frac{13}{8}、\frac{21}{13}、\cdots\cdots \rightarrow \square$$

$$\frac{1}{1}=1$$

$$\frac{2}{1}=2$$

$$\frac{3}{2}=1.5$$

$$\frac{5}{3}=1.666666666666\cdots$$

$$\frac{8}{5}=1.6$$ (p.28の長方形の縦横の比の値)

$$\frac{13}{8}=1.625$$

$$\frac{21}{13}=1.615384615384\cdots$$

⬇

$$\square=1.6??????????? \cdots$$

ビネの公式より、第n項a_nは次の通りです。

$$a_n = \frac{1}{(\alpha - \beta)}\{\alpha^n - \beta^n\}$$

$$\left[\alpha = \frac{1+\sqrt{5}}{2}、\beta = \frac{1-\sqrt{5}}{2}\right]$$

$$\frac{a_{n+1}}{a_n} = \frac{\{\alpha^{n+1} - \beta^{n+1}\}(\alpha - \beta)}{(\alpha - \beta)\{\alpha^n - \beta^n\}}$$

$$= \frac{\{\alpha^{n+1} - \beta^{n+1}\} \div \alpha^n}{\{\alpha^n - \beta^n\} \div \alpha^n}$$

$$= \frac{\alpha - \beta\left(\frac{\beta}{\alpha}\right)^n}{1 - \left(\frac{\beta}{\alpha}\right)^n}$$

ここで$\dfrac{\beta}{\alpha}$は、次の通りです。

$$\frac{\beta}{\alpha} = \frac{\frac{1-\sqrt{5}}{2}}{\frac{1+\sqrt{5}}{2}} = -\frac{\sqrt{5}-1}{\sqrt{5}+1} = -\frac{(\sqrt{5}-1)(\sqrt{5}-1)}{(\sqrt{5}+1)(\sqrt{5}-1)}$$

$$= -\frac{5-2\sqrt{5}+1}{4} = -\frac{3-\sqrt{5}}{2} = -0.38\cdots$$

$n \to \infty$のとき、$\left|\dfrac{\beta}{\alpha}\right| < 1$から$\left(\dfrac{\beta}{\alpha}\right)^n \to 0$となり、

$$\frac{a_{n+1}}{a_n} = \frac{\alpha - \beta\left(\frac{\beta}{\alpha}\right)^n}{1 - \left(\frac{\beta}{\alpha}\right)^n} \to \alpha$$

となります。フィボナッチ数列の比の値は、黄金数 $\alpha=\dfrac{1+\sqrt{5}}{2}$ $=1.618033988749\cdots$ に近づいていくのです。

ちなみにビネの公式を用いずとも、あらかじめ収束することを示しておけば、$n\to\infty$のとき $\dfrac{a_{n+1}}{a_n}\to x$として、$x$が求まります。

$$a_{n+1}=a_{n-1}+a_n$$

$$\frac{a_{n+1}}{a_n}=\frac{a_{n-1}}{a_n}+1$$

$$\frac{a_{n+1}}{a_n}=\frac{1}{\dfrac{a_n}{a_{n-1}}}+1$$

$n\to\infty$のとき、$\dfrac{a_{n+1}}{a_n}\to x$、$\dfrac{a_n}{a_{n-1}}\to x$より

$$x=\frac{1}{x}+1$$

$$x^2-x-1=0$$

p.92で見たように、この解$x=\alpha$、βの正の方が、黄金数 $\alpha=\dfrac{1+\sqrt{5}}{2}$でしたね。

p.93の長方形は黄金長方形と呼ばれていて、縦横の比の値がこの黄金数となっています。

— *MEMO* —

4章

∞

ベルヌーイと無限級数

4章

ベルヌーイと無限級数

−∞−

「ベルヌーイ数」は、二項係数を用いた漸化式から求まりました。今回は、ベルヌーイが研究した「無限和」を見ていきます。何とこの無限和も、二項係数を用いた漸化式から求まってきます。二項係数って、ベルヌーイのお気に入りだったのでしょうか。

∞ | 0.999…… ＝1

「0.999…… ＝1」は、よく話題になりますね。「0.999……→1」と「→」なら分かるのですが、「0.999…… ＝1」とキッチリ「＝」になるなんて、どうにも納得がいかないのです。

確かに「0.99……9」は「1」より小さいです。でも途中の「0.99……9」は、最終的な「0.999……」ではないのです。

そもそも（延々と続く）「0.999……」は、どう解釈するのでしょうか。暗黙の内に了解しているつもり、というのが誤解の元かも知れません。じつは「0.999……」は、部分和「0.9、0.9＋0.09、0.9＋0.09＋0.009、……」つまり「0.9、0.99、0.999、……」の近づく先の値（極限値）と“取り決め”ているのです。

$$0.9$$

$$0.9+0.09=0.99$$

$$0.9+0.09+0.009=0.999$$

$$0.9+0.09+0.009+0.0009+0.00009+\cdots\cdots=1$$

そもそも無限にたすなど、できない相談ですね。いつまでたってもキリがないからです。そこでスパッと、その近づく先の値と“取り決め”たのです。これを「そんな取り決めは覚えがない」と了承しないのでは、同じ土俵に立った議論はできません。あらかじめ、(「0.999……」のキッチリした値に関する)別の取り決めを話し合う他はないのです。本来は、どんなときに「近い」とみなすのかも、取り決める必要があります。差が素数pでたくさん割り切れるほど「近い」とする取り決めも、数学では実際にあるのです。

無限級数では、その和を次のように取り決めています。

n項までの和(部分和)を求め、$n\to\infty$としたときの近づく先の値(極限値)とするのです。一定の値に近づかないときは発散するといいます。

例えば、次のライプニッツの級数は有名です。

$$1-\frac{1}{3}+\frac{1}{5}-\frac{1}{7}+\frac{1}{9}-\frac{1}{11}+\cdots\cdots=\frac{\pi}{4}$$

円周率 π（直径1の円周の長さ）が現れてきたのが驚きでしたね。じつはこの値は（ライプニッツ以前に）グレゴリーが発見したのですが、それ以前の1400年頃にインドのマーダヴァによってすでに発見されていました。

∞ 無限和を求めよう

ベルヌーイ数を研究したヤコブ・ベルヌーイは、無限級数にも興味をもっていました。

例えば、次のような無限級数の和（無限和）を求めています。

$$\frac{1^2}{2^1}+\frac{2^2}{2^2}+\frac{3^2}{2^3}+\ \cdots\cdots$$

$$\frac{1^3}{2^1}+\frac{2^3}{2^2}+\frac{3^3}{2^3}+\ \cdots\cdots$$

ちなみに分子の指数が2や3ではなく、0とした無限級数の和だったら、図からも見当がつきますね（$n^0=1$）。

$$\frac{1^0}{2^1}+\frac{2^0}{2^2}+\frac{3^0}{2^3}+\ \cdots\cdots\ =1$$

$$\left[\ \frac{1}{2^1}+\frac{1}{2^2}+\frac{1}{2^3}+\ \cdots\cdots\ =1\ \right]$$

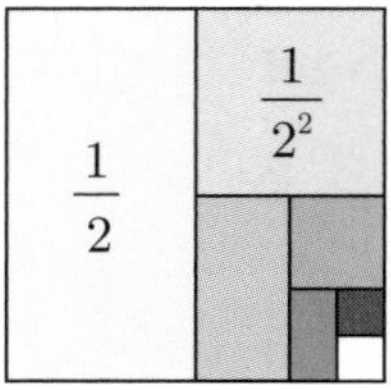

これは次のようにして求まります。

まず（n項までの）部分和を$S_0(n)$とします。

$$
\begin{aligned}
S_0(n) &= \frac{1}{2^1}+\frac{1}{2^2}+\frac{1}{2^3}+\cdots\cdots+\frac{1}{2^n} \\
-)\quad \frac{1}{2}S_0(n) &= \qquad\quad \frac{1}{2^2}+\frac{1}{2^3}+\cdots\cdots+\frac{1}{2^n}+\frac{1}{2^{n+1}} \\
\hline
\left(1-\frac{1}{2}\right)S_0(n) &= \frac{1}{2^1}-\frac{1}{2^{n+1}} \\
S_0(n) &= 1-\frac{1}{2^n}
\end{aligned}
$$

$n\to\infty$のとき$\dfrac{1}{2^n}\to 0$となり、$S_0(n)=1-\dfrac{1}{2^n}\to 1$です。

これは$\dfrac{1}{2^1}+\dfrac{1}{2^2}+\dfrac{1}{2^3}+\cdots\cdots\to 1$ではなく、（取り決めにより）

$\dfrac{1}{2^1}+\dfrac{1}{2^2}+\dfrac{1}{2^3}+\cdots\cdots=1$です。

今度は、分子の指数を1とした無限級数の和

$$\frac{1^1}{2^1}+\frac{2^1}{2^2}+\frac{3^1}{2^3}+\cdots\cdots$$

を求めてみましょう。

ただし、この先

「$n\to\infty$のとき$\dfrac{n}{2^n}\to 0$、$\dfrac{n^2}{2^n}\to 0$、$\dfrac{n^3}{2^n}\to 0$」

は（証明せずに）用いることにします。分母の2^nは、分子のn、n^2、n^3に比べて、（$n \to \infty$のとき）急激に大きくなるのです。よく「指数関数的に増加する」と表現しますね。

問　次の無限和を求めましょう。

$$\frac{1}{2^1}+\frac{2}{2^2}+\frac{3}{2^3}+\cdots\cdots$$

（n項までの）部分和を$S_1(n)$とします。

$$\begin{aligned}
S_1(n) &= \frac{1}{2^1}+\frac{2}{2^2}+\frac{3}{2^3}+\ \cdots\cdots\ +\frac{n}{2^n} \\
-)\quad \frac{1}{2}S_1(n) &= \qquad\quad \frac{1}{2^2}+\frac{2}{2^3}+\ \cdots\cdots\ +\frac{n-1}{2^n}+\frac{n}{2^{n+1}} \\
\hline
\left(1-\frac{1}{2}\right)S_1(n) &= \frac{1}{2^1}+\frac{1}{2^2}+\frac{1}{2^3}+\ \cdots\cdots\ +\frac{1}{2^n}-\frac{n}{2^{n+1}} \\
\frac{1}{2}S_1(n) &= S_0(n)-\frac{n}{2^{n+1}} \\
S_1(n) &= 2S_0(n)-\frac{n}{2^n}
\end{aligned}$$

$n \to \infty$のとき$S_0(n) \to 1$、$\frac{n}{2^n} \to 0$となり、$S_1(n)=2S_0(n)-\frac{n}{2^n} \to 2$です。

つまり、$\frac{1}{2^1}+\frac{2}{2^2}+\frac{3}{2^3}+\ \cdots\cdots\ =\boxed{2}$です。

∞ ベルヌーイの無限和

いよいよ、先ほどのヤコブ・ベルヌーイの無限級数です。

問 次の無限和を求めましょう。

(1) $\dfrac{1^2}{2^1}+\dfrac{2^2}{2^2}+\dfrac{3^2}{2^3}+\cdots\cdots$

(2) $\dfrac{1^3}{2^1}+\dfrac{2^3}{2^2}+\dfrac{3^3}{2^3}+\cdots\cdots$

(1) (n 項までの) 部分和を $S_2(n)$ とします。

$$
\begin{array}{rrl}
 & S_2(n) = & \dfrac{1^2}{2^1}+\dfrac{2^2}{2^2}+\dfrac{3^2}{2^3}+\cdots\cdots+\dfrac{n^2}{2^n} \\
-) & \dfrac{1}{2}S_2(n) = & \qquad\quad \dfrac{1^2}{2^2}+\dfrac{2^2}{2^3}+\cdots\cdots+\dfrac{(n-1)^2}{2^n}+\dfrac{n^2}{2^{n+1}} \\
\hline
 & \left(1-\dfrac{1}{2}\right)S_2(n) = & \dfrac{1^2}{2^1}+\dfrac{2^2-1^2}{2^2}+\dfrac{3^2-2^2}{2^3}+\cdots\cdots \\
 & & \qquad\qquad +\dfrac{n^2-(n-1)^2}{2^n}-\dfrac{n^2}{2^{n+1}}
\end{array}
$$

ここで $\dfrac{(k+1)^2-k^2}{2^{k+1}}$ は、次の通りです。

$$\frac{(k+1)^2-k^2}{2^{k+1}}=\frac{2k+1}{2^{k+1}}=2\cdot\frac{k}{2^{k+1}}+\frac{1}{2^{k+1}}$$

$$\left(1-\frac{1}{2}\right)S_2(n)=\frac{1^2}{2^1}+\left(2\cdot\frac{1}{2^2}+\frac{1}{2^2}\right)+\left(2\cdot\frac{2}{2^3}+\frac{1}{2^3}\right)$$

$$+\cdots\cdots+\left(2\cdot\frac{n-1}{2^n}+\frac{1}{2^n}\right)-\frac{n^2}{2^{n+1}}$$

$$\frac{1}{2}S_2(n)=\left(\frac{1^2}{2^1}+\frac{1}{2^2}+\frac{1}{2^3}+\cdots\cdots+\frac{1}{2^n}\right)$$

$$+2\left(\frac{1}{2^2}+\frac{2}{2^3}+\cdots\cdots+\frac{n-1}{2^n}\right)-\frac{n^2}{2^{n+1}}$$

$$\frac{1}{2}S_2(n)=S_0(n)+2\cdot\frac{1}{2}\cdot\left(\frac{1}{2^1}+\frac{2}{2^2}+\cdots+\frac{n-1}{2^{n-1}}\right)-\frac{n^2}{2^{n+1}}$$

$$S_2(n)=2\left[S_0(n)+2\cdot\frac{\left(S_1(n)-\frac{n}{2^n}\right)}{2}\right]-\frac{n^2}{2^n}$$

$n\to\infty$のとき、

$$S_0(n)\to 1、S_1(n)\to 2、\frac{n}{2^n}\to 0、\frac{n^2}{2^n}\to 0$$

より、$S_2(n)\to 2\cdot\left[1+2\cdot\frac{2}{2}\right]=2\cdot 3=6$　です。

つまり、$\frac{1^2}{2^1}+\frac{2^2}{2^2}+\frac{3^2}{2^3}+\cdots\cdots=\boxed{6}$ です。

(2)　(n項までの)部分和を$S_3(n)$とします。

$$
\begin{aligned}
S_3(n) &= \frac{1^3}{2^1}+\frac{2^3}{2^2}+\frac{3^3}{2^3}+\cdots\cdots+\frac{n^3}{2^n}\\
-)\quad \frac{1}{2}S_3(n) &= \qquad\quad \frac{1^3}{2^2}+\frac{2^3}{2^3}+\cdots\cdots+\frac{(n-1)^3}{2^n}+\frac{n^3}{2^{n+1}}
\end{aligned}
$$

$$
\left(1-\frac{1}{2}\right)S_3(n)=\frac{1^3}{2^1}+\frac{2^3-1^3}{2^2}+\frac{3^3-2^3}{2^3}+\cdots\cdots+\frac{n^3-(n-1)^3}{2^n}-\frac{n^3}{2^{n+1}}
$$

ここで$\dfrac{(k+1)^3-k^3}{2^{k+1}}$は、次の通りです。

$$
\frac{(k+1)^3-k^3}{2^{k+1}}=\frac{3k^2+3k+1}{2^{k+1}}=3\cdot\frac{k^2}{2^{k+1}}+3\cdot\frac{k}{2^{k+1}}+\frac{1}{2^{k+1}}
$$

$$
\begin{aligned}
\left(1-\frac{1}{2}\right)S_3(n) &= \frac{1^3}{2^1}+\left(3\cdot\frac{1^2}{2^2}+3\cdot\frac{1}{2^2}+\frac{1}{2^2}\right)\\
&\quad+\left(3\cdot\frac{2^2}{2^3}+3\cdot\frac{2}{2^3}+\frac{1}{2^3}\right)+\cdots\cdots\\
&\quad+\left(3\cdot\frac{(n-1)^2}{2^n}+3\cdot\frac{n-1}{2^n}+\frac{1}{2^n}\right)-\frac{n^3}{2^{n+1}}
\end{aligned}
$$

$$
\begin{aligned}
\frac{1}{2}S_3(n) &= \left(\frac{1^3}{2^1}+\frac{1}{2^2}+\frac{1}{2^3}+\cdots\cdots+\frac{1}{2^n}\right)\\
&\quad+3\left(\frac{1}{2^2}+\frac{2}{2^3}+\cdots\cdots+\frac{n-1}{2^n}\right)
\end{aligned}
$$

$$+3\left(\frac{1^2}{2^2}+\frac{2^2}{2^3}+\cdots+\frac{(n-1)^2}{2^n}\right)-\frac{n^3}{2^{n+1}}$$

$$\frac{1}{2}S_3(n)=S_0(n)+3\cdot\frac{1}{2}\cdot\left(\frac{1}{2^1}+\frac{2}{2^2}+\cdots+\frac{n-1}{2^{n-1}}\right)$$

$$+3\cdot\frac{1}{2}\cdot\left(\frac{1^2}{2^1}+\frac{2^2}{2^2}+\cdots+\frac{(n-1)^2}{2^{n-1}}\right)-\frac{n^3}{2^{n+1}}$$

$$S_3(n)=2\left[S_0(n)+3\cdot\frac{\left(S_1(n)-\frac{n}{2^n}\right)}{2}+3\cdot\frac{\left(S_2(n)-\frac{n^2}{2^n}\right)}{2}\right]-\frac{n^3}{2^n}$$

$n\to\infty$のとき、

$$S_0(n)\to 1、S_1(n)\to 2、S_2(n)\to 6、$$

$$\frac{n}{2^n}\to 0、\quad \frac{n^2}{2^n}\to 0、\quad \frac{n^3}{2^n}\to 0$$

より、$S_3(n)\to 2\cdot\left[1+3\cdot\frac{2}{2}+3\cdot\frac{6}{2}\right]=2\cdot 13=26$　です。

つまり、$\frac{1^3}{2^1}+\frac{2^3}{2^2}+\frac{3^3}{2^3}+\cdots\cdots=\boxed{26}$です。

∞ 「ベルヌーイの無限和」の漸化式

これまでの結果は、次のようになっています。ただし、

$$S_k(n)=\frac{1^k}{2^1}+\frac{2^k}{2^2}+\frac{3^k}{2^3}+\cdots\cdots+\frac{n^k}{2^n}$$

としたとき、$n\to\infty$のとき$S_k(n)\to S_k$とします。

(0)　$S_0 = 1$

(1)　$(1+k) - k = 1$

$$\Rightarrow \frac{S_1}{2} = 1 \cdot S_0$$

(2)　$(1+k)^2 - k^2 = 1 + 2k$

$$\Rightarrow \frac{S_2}{2} = 1 \cdot S_0 + 2 \cdot \frac{S_1}{2}$$

(3)　$(1+k)^3 - k^3 = 1 + 3k + 3k^2$

$$\Rightarrow \frac{S_3}{2} = 1 \cdot S_0 + 3 \cdot \frac{S_1}{2} + 3 \cdot \frac{S_2}{2}$$

同様にして、次が成り立ちます。ここでも二項係数が登場していますね。

《「ベルヌーイの無限和」の漸化式》

$S_j = \frac{1^j}{2^1} + \frac{2^j}{2^2} + \frac{3^j}{2^3} + \cdots\cdots$ のとき、$(S_0 = 1)$

$$\frac{S_k}{2} = \binom{k}{0} S_0 + \binom{k}{1} \frac{S_1}{2} + \binom{k}{2} \frac{S_2}{2} + \binom{k}{3} \frac{S_3}{2} + \cdots + \binom{k}{k-1} \frac{S_{k-1}}{2}$$

これまでに、次が求まっています。

$$S_0 = 1、\frac{S_1}{2} = 1、\frac{S_2}{2} = 3、\frac{S_3}{2} = 13$$

問　次の無限和 S_4、S_5 を求めましょう。

(1)　$S_4 = \dfrac{1^4}{2^1} + \dfrac{2^4}{2^2} + \dfrac{3^4}{2^3} + \cdots\cdots$

(2)　$S_5 = \dfrac{1^5}{2^1} + \dfrac{2^5}{2^2} + \dfrac{3^5}{2^3} + \cdots\cdots$

パスカルの三角形（の続き）は、次の通りです。

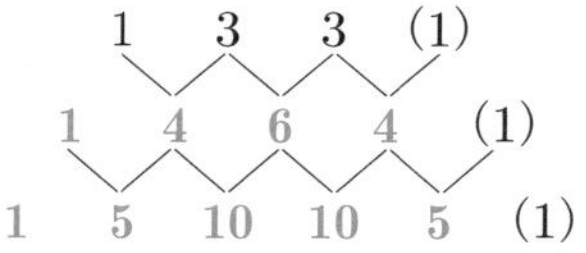

(1)　$\dfrac{S_4}{2} = \dbinom{4}{0}S_0 + \dbinom{4}{1}\dfrac{S_1}{2} + \dbinom{4}{2}\dfrac{S_2}{2} + \dbinom{4}{3}\dfrac{S_3}{2}$

$\dfrac{S_4}{2} = 1 \cdot 1 + 4 \cdot 1 + 6 \cdot 3 + 4 \cdot 13$

$\dfrac{S_4}{2} = 75$

$S_4 = \boxed{150}$

(2)　$\dfrac{S_5}{2} = \dbinom{5}{0}S_0 + \dbinom{5}{1}\dfrac{S_1}{2} + \dbinom{5}{2}\dfrac{S_2}{2} + \dbinom{5}{3}\dfrac{S_3}{2} + \dbinom{5}{4}\dfrac{S_4}{2}$

$\dfrac{S_5}{2} = 1 \cdot 1 + 5 \cdot 1 + 10 \cdot 3 + 10 \cdot 13 + 5 \cdot 75$

$\dfrac{S_5}{2} = 541$

$S_5 = \boxed{1082}$

これまでの結果は、次の通りです。

$$S_0=1、\frac{S_1}{2}=1、\frac{S_2}{2}=3、\frac{S_3}{2}=13、\frac{S_4}{2}=75、\frac{S_5}{2}=541$$

すべて整数ですね。漸化式を見ても、割り算は使われていないからです。もちろん2倍しても整数で、$S_0=1$を除いてすべて偶数となります。

$$S_0=1、S_1=2、S_2=6、S_3=26、S_4=150、S_5=1082$$

∞ 無限和の漸化式

ヤコブ・ベルヌーイの無限和$S_j=\frac{1^j}{2^1}+\frac{2^j}{2^2}+\frac{3^j}{2^3}+\cdots\cdots$で、2を3に変えてみましょう。同じ$S_j$を用いますが、ここでは$S_j=\frac{1^j}{3^1}+\frac{2^j}{3^2}+\frac{3^j}{3^3}+\cdots\cdots$とします。

まずS_0を求めます。p.103と同様にして

$$\left(1-\frac{1}{3}\right)S_0(n)=\frac{1}{3^1}-\frac{1}{3^{n+1}}$$

$$\frac{2}{3}S_0(n)=\frac{1}{3^1}-\frac{1}{3^{n+1}}$$

$$2S_0(n)=1-\frac{1}{3^n}$$

となり、$S_0\left(=\frac{1}{3^1}+\frac{1}{3^2}+\frac{1}{3^3}+\cdots\cdots\right)=\frac{1}{2}$となります。

問 $S_j = \frac{1^j}{3^1} + \frac{2^j}{3^2} + \frac{3^j}{3^3}$ …… のとき、$\left(S_0 = \frac{1}{2}\right)$

$\frac{S_k}{3}$ と S_0、$\frac{S_1}{3}$、$\frac{S_2}{3}$、……、$\frac{S_{k-1}}{3}$ の関係を求めましょう。

同様にしてやっていくと、p.109の漸化式で、左辺は $S_k - \frac{1}{3}S_k = \frac{2}{3}S_k = 2 \cdot \frac{S_k}{3}$ となり、右辺は分母の2が3に変わるだけです。

《 無限和の漸化式 》

$S_j = \frac{1^j}{3^1} + \frac{2^j}{3^2} + \frac{3^j}{3^3}$ …… のとき、$\left(S_0 = \frac{1}{2}\right)$

$$2 \cdot \frac{S_k}{3} = \binom{k}{0} S_0 + \binom{k}{1} \frac{S_1}{3} + \binom{k}{2} \frac{S_2}{3} + \cdots + \binom{k}{k-1} \frac{S_{k-1}}{3}$$

問 次の無限和 S_1、S_2、S_3 を求めましょう。

(1) $S_1 = \frac{1}{3^1} + \frac{2}{3^2} + \frac{3}{3^3} +$ ……

(2) $S_2 = \frac{1^2}{3^1} + \frac{2^2}{3^2} + \frac{3^2}{3^3} +$ ……

(3) $S_3 = \frac{1^3}{3^1} + \frac{2^3}{3^2} + \frac{3^3}{3^3} +$ ……

パスカルの三角形は、次の通りです。

$$
\begin{array}{ccccccc}
 & & 1 & & (1) & & \\
 & 1 & & 2 & & (1) & \\
1 & & 3 & & 3 & & (1)
\end{array}
$$

(1)　$2 \cdot \dfrac{S_1}{3} = \dbinom{1}{0} S_0$

$$2 \cdot \frac{S_1}{3} = 1 \cdot S_0$$

$$\frac{S_1}{3} = \frac{1}{2} \cdot \frac{1}{2} = \frac{1}{4}$$

$$\boxed{S_1 = \frac{3}{4}}$$

(2)　$2 \cdot \dfrac{S_2}{3} = \dbinom{2}{0} S_0 + \dbinom{2}{1} \dfrac{S_1}{3}$

$$2 \cdot \frac{S_2}{3} = 1 \cdot S_0 + 2 \cdot \frac{S_1}{3}$$

$$2 \cdot \frac{S_2}{3} = 1 \cdot \frac{1}{2} + 2 \cdot \frac{1}{4} = 1$$

$$\frac{S_2}{3} = \frac{1}{2}$$

$$\boxed{S_2 = \frac{3}{2}}$$

(3)　$2 \cdot \dfrac{S_3}{3} = \dbinom{3}{0} S_0 + \dbinom{3}{1} \dfrac{S_1}{3} + \dbinom{3}{2} \dfrac{S_2}{3}$

$$2 \cdot \frac{S_3}{3} = 1 \cdot S_0 + 3 \cdot \frac{S_1}{3} + 3 \cdot \frac{S_2}{3}$$

$$2 \cdot \frac{S_3}{3} = 1 \cdot \frac{1}{2} + 3 \cdot \frac{1}{4} + 3 \cdot \frac{1}{2} = \frac{11}{4}$$

$$\frac{S_3}{3} = \frac{11}{8}$$

$$\boxed{S_3 = \frac{33}{8}}$$

これまでの結果は、次の通りです。

$$S_0 = \frac{1}{2}、\quad \frac{S_1}{3} = \frac{1}{4}、\quad \frac{S_2}{3} = \frac{1}{2}、\quad \frac{S_3}{3} = \frac{11}{8}$$

分母はどれも「2の何乗」かですね。漸化式を見ると $2 \cdot \frac{S_k}{3}$ となっていて、割り算は2で割るだけだからです。もちろん3倍しても分母はそのままです。

$$S_0 = \frac{1}{2}、\quad S_1 = \frac{3}{4}、\quad S_2 = \frac{3}{2}、\quad S_3 = \frac{33}{8}$$

最後に、2をhに変えてみましょう（$h>1$）。ここでも同じS_jを用い、$S_j = \frac{1^j}{h^1} + \frac{2^j}{h^2} + \frac{3^j}{h^3} + \cdots\cdots$ とします。

まずS_0を求めます。ここでもp.103と同様にして

$$\left(1 - \frac{1}{h}\right) S_0(n) = \frac{1}{h^1} - \frac{1}{h^{n+1}}$$

$$(h-1)\, S_0(n) = 1 - \frac{1}{h^n}$$

となり、$S_0\left(=\frac{1}{h^1}+\frac{1}{h^2}+\frac{1}{h^3}+\cdots\cdots\right)=\frac{1}{h-1}$と求まります。

問　$S_j=\frac{1^j}{h^1}+\frac{2^j}{h^2}+\frac{3^j}{h^3}\cdots\cdots$ のとき、$\left(S_0=\frac{1}{h-1}\right)$

$\frac{S_k}{h}$ と S_0、$\frac{S_1}{h}$、$\frac{S_2}{h}$、……、$\frac{S_{k-1}}{h}$ の関係を求めましょう。

今回もp.109の漸化式で、左辺は $S_k-\frac{1}{h}S_k=\frac{h-1}{h}S_k=(h-1)\cdot\frac{S_k}{h}$ となり、右辺は分母の2がhに変わるだけです。

《 無限和の漸化式 》

$S_j=\frac{1^j}{h^1}+\frac{2^j}{h^2}+\frac{3^j}{h^3}\cdots\cdots$ のとき、$\left(S_0=\frac{1}{h-1}\right)$

$$(h-1)\cdot\frac{S_k}{h}=\binom{k}{0}S_0+\binom{k}{1}\frac{S_1}{h}+\binom{k}{2}\frac{S_2}{h}+\binom{k}{3}\frac{S_3}{h}+\cdots\cdots+\binom{k}{k-1}\frac{S_{k-1}}{h}$$

漸化式から求めていくと、次のようになります。

$$S_0=\frac{1}{(h-1)}\text{、}\frac{S_1}{h}=\frac{1}{(h-1)^2}\text{、}\frac{S_2}{h}=\frac{1}{(h-1)^2}+\frac{2}{(h-1)^3}$$

$$\frac{S_3}{h} = \frac{1}{(h-1)^2} + \frac{6}{(h-1)^3} + \frac{6}{(h-1)^4}$$

$\frac{S_k}{h}$の具体的な分母は、(計算してみなければ) 定かではありません。でもhが2以上の整数のとき、分母には$(h-1)$の素因数しか現れてきません。つまり分母は、$(h-1)$の素因数を何乗かした数の積となります。漸化式を見ると$(h-1) \cdot \frac{S_k}{h}$となっていて、割り算は$(h-1)$で割るだけだからです。もちろん$h$倍した$S_k$の分母も、このことに変わりありません。

Column

04 $\frac{1}{2^1}+\frac{2}{2^2}+\frac{3}{2^3}+\cdots\cdots=2$

$\frac{1}{2^1}+\frac{1}{2^2}+\frac{1}{2^3}+\cdots\cdots=1$は、図を見れば納得ですね。

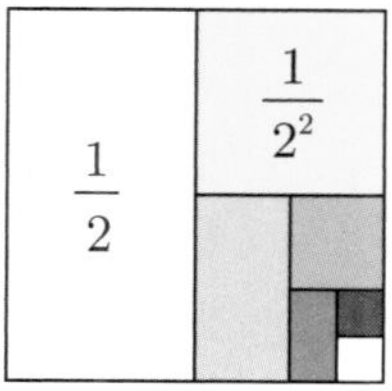

次の式は、1からどんどん半分ずつ引いていくものです。

$$1-\frac{1}{2^1}=\frac{1}{2^1}$$

$$1-\frac{1}{2^1}-\frac{1}{2^2}=\frac{1}{2^2}$$

$$1-\frac{1}{2^1}-\frac{1}{2^2}-\frac{1}{2^3}=\frac{1}{2^3}$$

……………………………………

これらの式も、図を見れば納得ですね。

「最後に引く数」も、「引いた残り」も、どちらも半分ずつで同じです。つまり「引いた残り」は、「最後に引く数」と同じなのです。

それではこれらの式から、p.104で求めた「$\frac{1}{2^1}+\frac{2}{2^2}+\frac{3}{2^3}+\cdots\cdots=2$」をもう一度出してみましょう。ちなみに下記の1番目の式は、p.117の図で見た$\frac{1}{2^1}+\frac{1}{2^2}+\frac{1}{2^3}+\ \cdots\cdots\ =1$です。

$$
\begin{aligned}
\frac{1}{2^1}+\frac{1}{2^2}+\frac{1}{2^3}+\ \cdots\cdots &\left[=1\right]=1 \\
\frac{1}{2^2}+\frac{1}{2^3}+\ \cdots\cdots &\left[=1-\frac{1}{2^1}\right]=\frac{1}{2^1} \\
\frac{1}{2^3}+\ \cdots\cdots &\left[=1-\frac{1}{2^1}-\frac{1}{2^2}\right]=\frac{1}{2^2} \\
&\cdots\cdots\cdots\cdots\cdots\cdots
\end{aligned}
$$

$$
+)\ \overline{\qquad\qquad\qquad\qquad\qquad\qquad\qquad\qquad}
$$

$$
\frac{1}{2^1}+\frac{2}{2^2}+\frac{3}{2^3}+\ \cdots\cdots\qquad=1+\frac{1}{2^1}+\frac{1}{2^2}+\ \cdots\cdots
$$

ここで再び、$\frac{1}{2^1}+\frac{1}{2^2}+\frac{1}{2^3}+\ \cdots\cdots\ =1$を用います。

$$
\begin{aligned}
\frac{1}{2^1}+\frac{2}{2^2}+\frac{3}{2^3}+\ \cdots\cdots\ &=1+\left(\frac{1}{2^1}+\frac{1}{2^2}+\ \cdots\cdots\right) \\
&=1+1 \\
&=2
\end{aligned}
$$

5章

ζ

オイラーと「バーゼル問題」

5章

オイラーと「バーゼル問題」 -ζ-

ベルヌーイが何としても求めたかった「無限和」があります。その名は「バーゼル問題」。何とこれを解いたのが、弱冠28歳の若きオイラーです。この有名な難問はどんな問題で、オイラーの奇想天外なアイディアはどのようなものだったのでしょうか。

ζ 「積和」の公式

「べき乗和」の公式は、ベルヌーイ数が登場して難しかったですね。でも次のような「積和」の公式なら、とっても簡単です。

$$1\cdot 2+2\cdot 3+3\cdot 4+\cdots\cdots+n(n+1)=\frac{1}{3}n(n+1)(n+2)$$

これを示すため、まず $f(x)=x(x+1)(x+2)$ と置きます。

$$\begin{aligned} f(x+1)-f(x)&=(x+1)(x+2)(x+3)-x(x+1)(x+2)\\ &=(x+1)(x+2)\{(x+3)-x\}\\ &=3(x+1)(x+2) \end{aligned}$$

次に$x=0$、1、2、…、$n-1$を代入して、それらの和をとります。

$$f(1)-f(0)=3\cdot1\cdot2$$
$$f(2)-f(1)=3\cdot2\cdot3$$
$$f(3)-f(2)=3\cdot3\cdot4$$
$$\cdots\cdots\cdots\cdots\cdots\cdots\cdots\cdots\cdots\cdots\cdots$$
$$+)\quad f(n)-f(n-1)=3\cdot n\cdot(n+1)$$
$$f(n)-f(0)=3\cdot[1\cdot2+2\cdot3+3\cdot4+\cdots\cdots+n(n+1)]$$

$$\frac{1}{3}n(n+1)(n+2)=1\cdot2+2\cdot3+3\cdot4+\cdots\cdots+n(n+1)$$

問 次の「積和」の公式を示しましょう。

$$1\cdot2\cdot3+2\cdot3\cdot4+3\cdot4\cdot5+\cdots\cdots+n(n+1)(n+2)$$
$$=\frac{1}{4}n(n+1)(n+2)(n+3)$$

今度は$f(x)=x(x+1)(x+2)(x+3)$と置きます。

$$f(x+1)-f(x)$$
$$=(x+1)(x+2)(x+3)(x+4)-x(x+1)(x+2)(x+3)$$
$$=(x+1)(x+2)(x+3)\{(x+4)-x\}$$
$$=4(x+1)(x+2)(x+3)$$

後は同様に$x = 0$、1、2、…、$n-1$を代入して、それらの和をとると、次のようになります。

$$f(n) - f(0) = 4\cdot[1\cdot 2\cdot 3 + 2\cdot 3\cdot 4 + \cdots + n(n+1)(n+2)]$$

$$\frac{1}{4}n(n+1)(n+2)(n+3)$$
$$= 1\cdot 2\cdot 3 + 2\cdot 3\cdot 4 + \cdots + n(n+1)(n+2)$$

同様にして、次の「積和」の公式が示されます。

《「積和」の公式》

$f_k(x) = x(x+1)(x+2)\cdots\cdots(x+k-1)$と置いたとき、

$$f_k(1) + f_k(2) + f_k(3) + \cdots\cdots + f_k(n) = \frac{1}{k+1}f_{k+1}(n)$$

ζ 「逆数の積和」の公式

前章の「ベルヌーイの無限和」は、漸化式の形ではありましたが、比較的簡単に求まりました。じつは、次の無限和はもっと簡単に求まります。

$$\frac{1}{1\cdot 2} + \frac{1}{2\cdot 3} + \frac{1}{3\cdot 4} + \cdots\cdots$$

まずは部分和の「逆数の積和」を求めましょう。

問 次の和を求めましょう。

$$\frac{1}{1\cdot 2}+\frac{1}{2\cdot 3}+\frac{1}{3\cdot 4}+\cdots\cdots+\frac{1}{n\cdot(n+1)}$$

やり方は、「通分の逆」をするだけです。

$$\begin{aligned}
\frac{1}{1\cdot 2}&=\frac{1}{1}-\frac{1}{2}\\
\frac{1}{2\cdot 3}&=\frac{1}{2}-\frac{1}{3}\\
\frac{1}{3\cdot 4}&=\frac{1}{3}-\frac{1}{4}\\
&\cdots\cdots\cdots\cdots\cdots\cdots\\
+)\quad \frac{1}{n\cdot(n+1)}&=\frac{1}{n}-\frac{1}{(n+1)}
\end{aligned}$$

$$\frac{1}{1\cdot 2}+\frac{1}{2\cdot 3}+\frac{1}{3\cdot 4}+\cdots\cdots+\frac{1}{n\cdot(n+1)}=1-\frac{1}{(n+1)}$$

問 次の和を求めましょう。

$$\frac{1}{1\cdot 2\cdot 3}+\frac{1}{2\cdot 3\cdot 4}+\frac{1}{3\cdot 4\cdot 5}+\cdots\cdots+\frac{1}{n(n+1)(n+2)}$$

やり方は、先ほどと同じです。

$$\frac{1}{1\cdot2\cdot3}=\frac{1}{2}\left\{\frac{1}{1\cdot2}-\frac{1}{2\cdot3}\right\}$$

$$\frac{1}{2\cdot3\cdot4}=\frac{1}{2}\left\{\frac{1}{2\cdot3}-\frac{1}{3\cdot4}\right\}$$

$$\frac{1}{3\cdot4\cdot5}=\frac{1}{2}\left\{\frac{1}{3\cdot4}-\frac{1}{4\cdot5}\right\}$$

$$\cdots\cdots\cdots\cdots\cdots\cdots\cdots\cdots\cdots$$

$$+)\quad\frac{1}{n(n+1)(n+2)}=\frac{1}{2}\left\{\frac{1}{n(n+1)}-\frac{1}{(n+1)(n+2)}\right\}$$

$$\frac{1}{1\cdot2\cdot3}+\frac{1}{2\cdot3\cdot4}+\frac{1}{3\cdot4\cdot5}+\cdots\cdots+\frac{1}{n(n+1)(n+2)}$$

$$=\frac{1}{2}\left\{\frac{1}{2!}-\frac{1}{(n+1)(n+2)}\right\}$$

問 次の和を求めましょう。

$$\frac{1}{1\cdot2\cdot3\cdot4}+\frac{1}{2\cdot3\cdot4\cdot5}+\cdots\cdots+\frac{1}{n(n+1)(n+2)(n+3)}$$

$$\frac{1}{k(k+1)(k+2)(k+3)}$$

$$=\frac{1}{3}\left\{\frac{1}{k(k+1)(k+2)}-\frac{1}{(k+1)(k+2)(k+3)}\right\}$$

同様にやっていくと、{　}の中に次の2項が残ってきます。

$k=1$ のとき　$\dfrac{1}{k(k+1)(k+2)}=\dfrac{1}{1\cdot 2\cdot 3}=\dfrac{1}{3!}$

$k=n$ のとき　$-\dfrac{1}{(k+1)(k+2)(k+3)}=-\dfrac{1}{(n+1)(n+2)(n+3)}$

$$\frac{1}{1\cdot 2\cdot 3\cdot 4}+\frac{1}{2\cdot 3\cdot 4\cdot 5}+\cdots\cdots+\frac{1}{n(n+1)(n+2)(n+3)}$$

$$=\frac{1}{3}\left\{\frac{1}{3!}-\frac{1}{(n+1)(n+2)(n+3)}\right\}$$

同様にして、次の「逆数の積和」の公式が示されます。

《「逆数の積和」の公式》

$g_k(x)=\dfrac{1}{x(x+1)(x+2)\cdots(x+k-1)}$ と置いたとき、

$$g_k(1)+g_k(2)+g_k(3)+\cdots\cdots+g_k(n)$$

$$=\frac{1}{(k-1)}\left\{\frac{1}{(k-1)!}-g_{k-1}(n+1)\right\}$$

「逆数の積和」の公式で $n\to\infty$ とすると、次が出てきます。

$$\frac{1}{1\cdot 2}+\frac{1}{2\cdot 3}+\frac{1}{3\cdot 4}+\ \cdots\cdots\ =\frac{1}{1\cdot 1!}$$

$$\frac{1}{1\cdot 2\cdot 3}+\frac{1}{2\cdot 3\cdot 4}+\frac{1}{3\cdot 4\cdot 5}+\ \cdots\cdots\ =\frac{1}{2\cdot 2!}$$

$$\frac{1}{1\cdot 2\cdot 3\cdot 4}+\frac{1}{2\cdot 3\cdot 4\cdot 5}+\frac{1}{3\cdot 4\cdot 5\cdot 6}+\ \cdots\cdots\ =\frac{1}{3\cdot 3!}$$

ζ｜バーゼル問題

数列の和ですが、例えば

$$1\cdot 2+2\cdot 3+3\cdot 4+\ \cdots\cdots\ +n(n+1)=\frac{1}{3}n(n+1)(n+2)$$

を求めたとして、

$$1\cdot 2\cdot 3+2\cdot 3\cdot 4+3\cdot 4\cdot 5+\ \cdots\cdots\ +n(n+1)(n+2)$$

なら、同様の方法で求められるだけでなく、あらかじめ予測することも可能です。つまり一般化が容易です。

これに対して、

$$1^2+2^2+3^2+\ \cdots\cdots\ +n^2=\frac{1}{6}n(n+1)(2n+1)$$

を求めたとして、

$$1^3+2^3+3^3+\ \cdots\cdots\ +n^3$$

を同様の方法で求めることはできますが、あらかじめ予測するのは難しいですね。「べき乗和」の公式の一般化は容易ではなく、天才的な洞察が必要でした。しかも「nの係数」だけは、別途（漸化式で）求める必要があったのです。その「nの係数」がベルヌーイ数でした。

それでは無限級数はどうでしょうか。例えば、

$$\frac{1}{1\cdot2\cdot3}+\frac{1}{2\cdot3\cdot4}+\frac{1}{3\cdot4\cdot5}+\cdots\cdots=\frac{1}{2\cdot2!}$$

を求めたとして、

$$\frac{1}{1\cdot2\cdot3\cdot4}+\frac{1}{2\cdot3\cdot4\cdot5}+\frac{1}{3\cdot4\cdot5\cdot6}+\cdots\cdots$$

なら、同様の方法で求められるだけでなく、あらかじめ予測することも可能です。つまり一般化が容易です。

これに対して、問題は次の無限和です。

$$\frac{1}{1^2}+\frac{1}{2^2}+\frac{1}{3^2}+\cdots\cdots$$

$$\frac{1}{1^3}+\frac{1}{2^3}+\frac{1}{3^3}+\cdots\cdots$$

$$\frac{1}{1^4}+\frac{1}{2^4}+\frac{1}{3^4}+\cdots\cdots$$

ヤコブ・ベルヌーイは、「べき乗和」だけでなく、これらの「逆数のべき乗」の無限和にも興味をもちました。でも、たった1つも求めることができなかったのです。1689年の著書の中で、

$$\frac{1}{1^2}+\frac{1}{2^2}+\frac{1}{3^2}+\cdots\cdots$$

の値を求めてくれたら大いに感謝する、といった趣旨のことを述べているほどです。そのヤコブが在籍していたのが（出生地にある）バーゼル大学だったことから、この問題はバーゼル問題と呼ばれるようになりました。もっともこの問題自体は、じつはヤコブ以前にライプニッツも挑戦していました。

《 バーゼル問題 》

$$\frac{1}{1^2}+\frac{1}{2^2}+\frac{1}{3^2}+\cdots\cdots=\boxed{}$$

このバーゼル問題を解決したのが、当時28歳の（同じバーゼル出生で、ベルヌーイ家と縁浅からぬ）オイラーでした。1735年のことで、ヤコブ・ベルヌーイはすでに亡くなっていました。オイラーにとって「バーゼル問題」はよほど思い入れのある存在だったのか、生涯で4通りもの解き方を示したということです。

ちなみに「1乗」の

$$\frac{1}{1^1}+\frac{1}{2^1}+\frac{1}{3^1}+\cdots\cdots$$

は発散します。部分和

$$S(n)=\frac{1}{1^1}+\frac{1}{2^1}+\frac{1}{3^1}+\cdots\cdots+\frac{1}{n^1}$$

は、(n→∞とすると)$S(n)$→∞となってしまうのです。

ζ｜有界な単調増加数列

バーゼル問題

$$\frac{1}{1^2}+\frac{1}{2^2}+\frac{1}{3^2}+\cdots\cdots$$

で、部分和

$$S(n)=\frac{1}{1^2}+\frac{1}{2^2}+\frac{1}{3^2}+\cdots\cdots+\frac{1}{n^2}$$

を見てみましょう。

$$S(1)=\frac{1}{1^2}=1$$

$$S(2)=\frac{1}{1^2}+\frac{1}{2^2}=\frac{5}{4}=1.25$$

$$S(3)=\frac{1}{1^2}+\frac{1}{2^2}+\frac{1}{3^2}=\frac{49}{36}\fallingdotseq 1.3611$$

$$S(4)=\frac{1}{1^2}+\frac{1}{2^2}+\frac{1}{3^2}+\frac{1}{4^2}=\frac{205}{144}\fallingdotseq 1.4236$$

少しずつ増加していくので、塵も積もれば山となるかも…と心配になってきますね。でも大丈夫です。

$$S(n)=\frac{1}{1^2}+\frac{1}{2^2}+\frac{1}{3^2}+\cdots\cdots+\frac{1}{n^2}$$

$$=\frac{1}{1^2}+\left\{\frac{1}{2\cdot 2}+\frac{1}{3\cdot 3}+\cdots\cdots+\frac{1}{n\cdot n}\right\}$$

$$<1+\left\{\frac{1}{1\cdot 2}+\frac{1}{2\cdot 3}+\cdots\cdots+\frac{1}{(n-1)\,n}\right\}$$

上の式は、「逆数の積和」の公式より次の通りです$(n>1)$。

$$=1+\left\{1-\frac{1}{n}\right\}$$

$$=2-\frac{1}{n}$$

$S(n)<2-\dfrac{1}{n}$ なので、$S(n)$ は2を超えることができません。

$n\to\infty$としても、$S(n)\to\infty$となる心配はないのです。しかも$S(n)$は、nが大きくなると、どんどん大きくなるのに（単調増加）、行く手が「2」ではばまれている（有界）のです。こうなると、どこかに近づかざるをえません。「有界な単調数列は必ず収束する」のです。

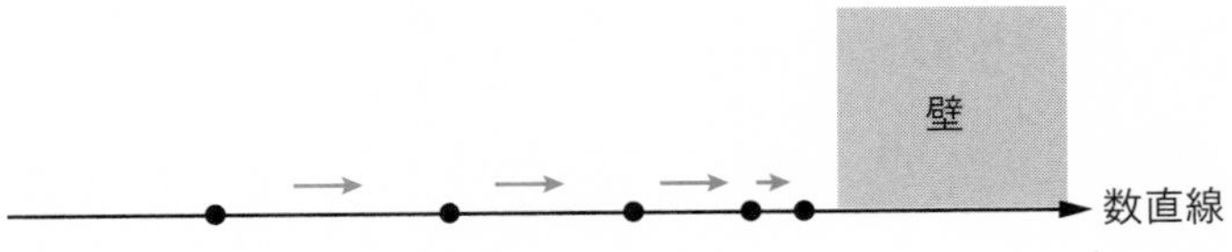

さて$S(n)$の近づいていく先は、どんな値でしょうか。

ζ | バーゼル問題の解法

天才には、インスピレーションが降りてくるのでしょうか。オイラーは、奇想天外なアイディアを思いつきました。

2次の多項式 $f(x)$ が $x=2$、3で $f(x)=0$、つまり $f(x)$ が零点 $x=2$、3をもったら、$f(x)=a\left(1-\dfrac{x}{2}\right)\left(1-\dfrac{x}{3}\right)$（$a$ は定数）です。右辺も2次の多項式で、$x=2$、3を代入すると0になりますね。

一方で $\sin x$ は多項式ではありませんが、多項式に毛（+ ……）が生えたような関数で、次のようなべき級数で表されます。

$$\sin x = x - \frac{x^3}{3!} + \frac{x^5}{5!} - \frac{x^7}{7!} + \cdots\cdots\cdots$$

ここで「$x \to 0$ のとき $\dfrac{\sin x}{x} \to 1$」を念頭に、$\sin x$ ではなく $\dfrac{\sin x}{x}$ を見てみましょう。

$\dfrac{\sin x}{x}$ は、$x=\pm\pi$、$\pm 2\pi$、$\pm 3\pi$、……で $\dfrac{\sin x}{x}=0$、つまり $\dfrac{\sin x}{x}$ は零点 $x=\pm\pi$、$\pm 2\pi$、$\pm 3\pi$、……をもちます。

このため、次の等式が成り立っても不思議ではありません。

$$\frac{\sin x}{x} = a\left(1-\frac{x^2}{1^2\pi^2}\right)\left(1-\frac{x^2}{2^2\pi^2}\right)\left(1-\frac{x^2}{3^2\pi^2}\right)\cdots\cdots$$

ここで「$x \to 0$ のとき $\dfrac{\sin x}{x} \to 1$」から、$a=1$ です。

こうなるとp.131の$\sin x$のべき級数展開から、次が成り立つと期待されます。

$$\left(1-\frac{x^2}{1^2\pi^2}\right)\left(1-\frac{x^2}{2^2\pi^2}\right)\left(1-\frac{x^2}{3^2\pi^2}\right)\cdots\cdots$$
$$=1-\frac{x^2}{3!}+\frac{x^4}{5!}-\frac{x^6}{7!}+\ \cdots\cdots$$

ここで、両辺の係数に着目します。

左辺(上の式)の「x^2」の項は、次のような積から出てきます。

$$\left(1-\frac{x^2}{1^2\pi^2}\right)\left(1-\frac{x^2}{2^2\pi^2}\right)\left(1-\frac{x^2}{3^2\pi^2}\right)\ \cdots\cdots \Rightarrow -\frac{1}{1^2\pi^2}x^2$$

$$\left(1-\frac{x^2}{1^2\pi^2}\right)\left(1-\frac{x^2}{2^2\pi^2}\right)\left(1-\frac{x^2}{3^2\pi^2}\right)\ \cdots\cdots \Rightarrow -\frac{1}{2^2\pi^2}x^2$$

$$\left(1-\frac{x^2}{1^2\pi^2}\right)\left(1-\frac{x^2}{2^2\pi^2}\right)\left(1-\frac{x^2}{3^2\pi^2}\right)\ \cdots\cdots \Rightarrow -\frac{1}{3^2\pi^2}x^2$$

……………………………………………………………

これらx^2の同類項をまとめると、次のようになります。

$$-\left(\frac{1}{1^2\pi^2}+\frac{1}{2^2\pi^2}+\frac{1}{3^2\pi^2}+\ \cdots\cdots\ +\frac{1}{n^2\pi^2}+\ \cdots\cdots\right)x^2$$
$$=-\frac{1}{\pi^2}\left(\frac{1}{1^2}+\frac{1}{2^2}+\frac{1}{3^2}+\ \cdots\cdots\ +\frac{1}{n^2}+\ \cdots\cdots\right)x^2$$

「バーゼル問題」が「x^2の係数」に現れてきましたね。

ちなみに、右辺（下の式）のべき級数展開の「x^2」の項は

$-\dfrac{x^2}{3!} = -\dfrac{1}{3!}x^2$ です。

両辺の「x^2 の係数」を比較すると、次の通りです。

$$-\frac{1}{\pi^2}\left(\frac{1}{1^2}+\frac{1}{2^2}+\frac{1}{3^2}+\ \cdots\cdots\ +\frac{1}{n^2}+\ \cdots\cdots\right) = -\frac{1}{3!}$$

$$\frac{1}{1^2}+\frac{1}{2^2}+\frac{1}{3^2}+\ \cdots\cdots\ +\frac{1}{n^2}+\ \cdots\cdots = \boxed{\frac{\pi^2}{6}}$$

さらに「x^4、x^6、……の係数」に着目することで、じつは（指数が偶数の場合は）次のように求まってきます。

$$\frac{1}{1^4}+\frac{1}{2^4}+\frac{1}{3^4}+\ \cdots\cdots\ +\frac{1}{n^4}+\ \cdots\cdots = \frac{\pi^4}{90}$$
$$\frac{1}{1^6}+\frac{1}{2^6}+\frac{1}{3^6}+\ \cdots\cdots\ +\frac{1}{n^6}+\ \cdots\cdots = \frac{\pi^6}{945}$$
$$\frac{1}{1^8}+\frac{1}{2^8}+\frac{1}{3^8}+\ \cdots\cdots\ +\frac{1}{n^8}+\ \cdots\cdots = \frac{\pi^8}{9450}$$

これらの求め方ですが、例えば「x^4 の係数」から、まずは次が出てきます。

$$\frac{1}{\pi^4}\left(\frac{1}{1^2\cdot 2^2}+\frac{1}{1^2\cdot 3^2}+\ \cdots\ +\frac{1}{2^2\cdot 3^2}+\ \cdots\cdots\right) = \frac{1}{5!}$$

$$\frac{1}{1^2\cdot 2^2}+\frac{1}{1^2\cdot 3^2}+\cdots+\frac{1}{2^2\cdot 3^2}+\cdots\cdots=\frac{\pi^4}{5!}$$

これから4乗の場合の値が、次のように求まります。

$$\frac{1}{1^4}+\frac{1}{2^4}+\frac{1}{3^4}+\cdots\cdots+\frac{1}{n^4}+\cdots\cdots$$

$$=\left(\frac{1}{1^2}+\frac{1}{2^2}+\frac{1}{3^2}+\cdots\cdots\right)^2-2\left(\frac{1}{1^2\cdot 2^2}+\frac{1}{1^2\cdot 3^2}+\cdots\cdots\right)$$

$$=\left(\frac{\pi^2}{6}\right)^2-2\times\frac{\pi^4}{5!}$$

$$=\frac{\pi^4}{36}-\frac{\pi^4}{60}\left(=\frac{5\pi^4}{180}-\frac{3\pi^4}{180}\right)$$

$$=\frac{\pi^4}{90}$$

オイラーが発見した次の式は、結果的には正しいものでした。

$$\sin x=x\left(1-\frac{x^2}{1^2\pi^2}\right)\left(1-\frac{x^2}{2^2\pi^2}\right)\left(1-\frac{x^2}{3^2\pi^2}\right)\cdots\cdots$$

でも発表した当初は称賛されたものの、次第に(推測の域を出ないのではないかと)疑いの目を向けられるようになったのです。

例えば多項式「x^4-1」で表される関数の零点($x^4-1=0$となるx)は、実数では「$x=1$、-1」だけです。

でも実際は$x^4-1=(x-1)(x+1)$ではなくて、$x^4-1=(x-1)(x+1)(x^2+1)$です。実数の零点の情報だけで(「多項式」どころか「べき級数」で表される)関数を特定するなど、とうてい受け入れられなかったのです(複素関数論は、まだ芽生えてもいませんでした)。

それでもオイラーは、こうして求めた値が正しいことには自信をもっていました。これまで苦労して求めてきた近似値と、小数点以下何桁もピッタリ一致したからです。そこでさらに研究を積み重ね、4通りもの証明を完成させていったのです。

05 フィボナッチ数列と「89分の1」

初項1、公比2の等比数列の和は簡単です。末項の「次の項」から1引いた数になっています。

$$1+2+2^2+2^3+\cdots\cdots+2^{n-1}=2^n-1$$

この式は、(等比数列の和の公式を忘れても)(2－1)＝1をかければ簡単に出てきます。「2と-2」「2^2と-2^2」等は次々に消え去り、-1と2^nだけが残るのです。

$$(2-1)(1+2+2^2+2^3+\cdots\cdots+2^{n-1})$$

じつは、フィボナッチ数列の和も簡単に求まります。末項の「次の次の項」から1引いた数になるのです。ちなみに21の続きは34、55、89です(ここでの結果はp.228で用います)。

$$1+1+2+3+5+8+13+21=55-1$$
$$1+1+2+3+5+8+13+21+34=89-1$$

こうなる理由は、図を見れば納得できます。

例えば「1＋1＋2＋3＋5」を求めたいとします。

まずこれを、奇数項の和「1＋2＋5」と、偶数項の和「1＋3」に分けます。

すると図の（横8縦5の）長方形の横から「1＋2＋5＝8」、縦から「1＋3＝5－1」と分かります。

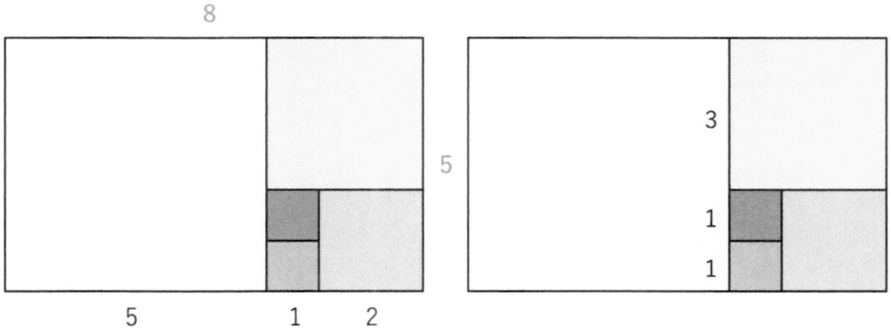

$$\begin{array}{rl} 1 \quad + 2 \quad + 5 &= 8 \\ +) \quad 1 \quad + 3 \quad &= 5 - 1 \\ \hline 1 + 1 + 2 + 3 + 5 &= 13 - 1 \end{array}$$

それぞれは「次の項」から出てきますが、合わせると「次の次の項」（5の次の8の次の13）から出てくることになるのです。

今度はフィボナッチ数列をそのままたすのではなく、次のような小数にしてたしていきましょう。

0.0

0.01

0.001

0.0002

0.00003

0.000005

0.0000008

0.00000013

ここまでの和は次のようになっています。

0.0112359 ……

「0112358」ではなく「0112359」となったのは、13が2桁であるためです。

問 フィボナッチ数列から（上記のように作っていった）

0.0112359……

は、どんな数でしょうか。

0.0112359 ……の作り方は、次の通りです。

フィボナッチ数列を（$a_0 = 0$）

$$a_0、a_1、a_2、a_3、\cdots\cdots$$

としたとき、0.0112359 …… は次のようになります。

$$\frac{a_0}{10^1}+\frac{a_1}{10^2}+\frac{a_2}{10^3}+\frac{a_3}{10^4}+\ \cdots\cdots$$

$$= \frac{1}{10}\left(a_0 + a_1\left(\frac{1}{10}\right) + a_2\left(\frac{1}{10}\right)^2 + a_3\left(\frac{1}{10}\right)^3 + \cdots\cdots\right)$$

$$= \frac{1}{10} f\left(\frac{1}{10}\right)$$

ここで $f(x)$ は次の通りです。

$$f(x) = a_0 + a_1 x + a_2 x^2 + a_3 x^3 + \cdots\cdots$$

ところが、この $f(x)$ の値は（収束する範囲では）p.91で求めた「フィボナッチ数列の母関数」$\frac{x}{1-x-x^2}$ の値に一致します。

$$f(x) = \frac{x}{1-x-x^2}$$

$x = \frac{1}{10}$ のとき $f(x) = a_0 + a_1 x + a_2 x^2 + a_3 x^3 + \cdots\cdots$ は収束するので、次のように求まります。

$$\frac{1}{10} f\left(\frac{1}{10}\right) = \frac{1}{10} \frac{\frac{1}{10}}{1 - \frac{1}{10} - \frac{1}{100}}$$

$$= \frac{\frac{1}{100}}{1 - \frac{1}{10} - \frac{1}{100}} = \frac{\frac{1}{100} \times 100}{\left(1 - \frac{1}{10} - \frac{1}{100}\right) \times 100}$$

$$= \frac{1}{100 - 10 - 1} = \boxed{\frac{1}{89}}$$

問　フィボナッチ数列から（同様にして作っていった）次の数を求めましょう。

（1）　0.00010102030508132134 55 ……＝□

（2）　0.000001001002003005008013021034 ……＝□

$x=\dfrac{1}{100}$、$\dfrac{1}{1000}$のとき$f(x)=a_0+a_1x+a_2x^2+a_3x^3+$ ……は収束するので、同様にして求まります。

（1）

$$\frac{1}{100}f\left(\frac{1}{100}\right)=\frac{1}{100}\frac{\frac{1}{100}}{1-\frac{1}{100}-\frac{1}{10000}}$$

$$=\frac{\frac{1}{10000}}{1-\frac{1}{100}-\frac{1}{10000}}$$

$$=\frac{1}{10000-100-1}=\boxed{\frac{1}{9899}}$$

（2）

$$\frac{1}{1000}f\left(\frac{1}{1000}\right)=\frac{1}{1000}\frac{\frac{1}{1000}}{1-\frac{1}{1000}-\frac{1}{1000000}}$$

$$=\frac{\frac{1}{1000000}}{1-\frac{1}{1000}-\frac{1}{1000000}}$$

$$=\frac{1}{1000000-1000-1}=\boxed{\frac{1}{998999}}$$

さて、フィボナッチ数列をそのまま足した、

$$0+1+1+2+3+5+8+\cdots\cdots$$

つまり

$$\begin{aligned}&a_0+a_1+a_2+a_3+a_4+\cdots\cdots\\&=a_0+a_1 1+a_2 1^2+a_3 1^3+a_4 1^4+\cdots\cdots\end{aligned}$$

は（∞となって）収束しません。つまり$x=1$では$f(x)=a_0+a_1x+a_2x^2+a_3x^3+\cdots\cdots$は（有限な）値をもたないのです。

そこで“$0+1+1+2+3+5+8+\cdots\cdots$”と“　”をつけて表し、その実体を「$x=1$での$\dfrac{x}{1-x-x^2}$の値」ということにします。

すると、

$$\frac{1}{1-1-1^2}=-1$$

から、（“　”をつけて）次のように表されることになります。

$$“0+1+1+2+3+5+8+\cdots\cdots”=-1$$

その実体を知らないと、何だか不思議な式ですね。

— MEMO —

6章

i

複素数から
「（続）バーゼル問題」

6章

複素数から「(続)バーゼル問題」
- i -

いよいよゼータ関数です。じつはその正の偶数での値に、ベルヌーイ数が登場します。「美しい等式」$e^{\pi i}+1=0$から、オイラーの発見したベルヌーイ数の母関数へと進んでいきます。さて、どう繋がってゼータ関数の正の偶数での値が求まるのでしょうか。

i 美しい等式

オイラーというと、次の「美しい等式」で有名ですね。

$$e^{\pi i}+1=0$$

数学で重要な数「0」「1」「e」「π」「i」が、たった1つの式に詰まっているのです。

確かに、この等式の発見者はオイラーです。ただ「美しい等式」というのは、ヨハン・ベルヌーイが発見した次の等式に対する、オイラーの称賛の言葉でした。

$$\frac{\pi}{2}=\frac{\log\sqrt{-1}}{\sqrt{-1}}$$

ここで($\sqrt{-1}=i$が入る)複素関数$\log x$がどんなものかは、後に回すことにします。(p.161参照)そもそもこの時代には、複素関数どころか複素数そのものが、あやしげな存在と思われていたのです。

問 $e^{\pi i}+1=0$を用いて

$$\frac{\pi}{2}=\frac{\log\sqrt{-1}}{\sqrt{-1}}$$

を導きましょう。

$e^{\pi i}+1=0$より、($i=\sqrt{-1}$)

$$e^{\pi\sqrt{-1}}=-1$$

両辺を$\frac{1}{2}$乗すると、

$$e^{\frac{\pi}{2}\sqrt{-1}}=(-1)^{\frac{1}{2}}$$

$(-1)^{\frac{1}{2}}=\sqrt[2]{(-1)^{1}}=\sqrt{-1}$より

$$e^{\frac{\pi}{2}\sqrt{-1}}=\sqrt{-1}$$

両辺の対数をとると、

$$\frac{\pi}{2}\sqrt{-1}=\log\sqrt{-1}$$

$$\frac{\pi}{2}=\frac{\log\sqrt{-1}}{\sqrt{-1}}$$

オイラーは大胆に、複素数の世界に突き進んでいきました。そして次の等式を発見したのです。

$$e^{i\theta}=\cos\theta+i\sin\theta$$

問 $e^{i\theta}=\cos\theta+i\sin\theta$を用いて、「美しい等式」

$$e^{\pi i}+1=0$$

を出しましょう。

$\theta=\pi$を代入するだけです。

$$\begin{aligned} e^{i\pi} &= \cos\pi+i\sin\pi \\ &= -1+i\cdot 0 \\ &= -1 \end{aligned}$$

$$e^{\pi i}+1=0$$

i 「i^i」はどんな数？

さて「(－1)×(－1)」は純然たる負の数どころか、正の数「＋1」ですね。(－1)×(－1)＝＋1です。

それでは「i^i」はどうでしょうか。「虚数の虚数乗」なんて、純然たる虚数だと思いますよね。ところがオイラーは、「i^i」は実数だと気づいてしまったのです。さて、それはどんな数でしょうか。

問 $e^{i\theta}=\cos\theta+i\sin\theta$を用いて

「i^i」

を求めましょう。

$\theta=\dfrac{\pi}{2}$を代入すると、

$$
\begin{aligned}
e^{i\frac{\pi}{2}} &= \cos\frac{\pi}{2}+i\sin\frac{\pi}{2}\\
&= 0+i\cdot 1\\
&= i
\end{aligned}
$$

両辺を入れかえると、

$$i=e^{i\frac{\pi}{2}}$$

両辺をi乗すると、

$$i^i = \left(e^{i\frac{\pi}{2}}\right)^i$$

$$i^i = e^{i\frac{\pi}{2}\times i}$$

$$i^i = e^{-\frac{\pi}{2}}$$

これで「$i^i = e^{-\frac{\pi}{2}}$」と求まりました ……というわけにはいきません。さて、どこが問題なのでしょうか。

それは、いきなり出だしの「$\theta = \dfrac{\pi}{2}$を代入」の箇所です。

$\theta = \dfrac{\pi}{2}$でなく、さらに±1回転、±2回転、……した、$\theta =$……、$-\dfrac{7\pi}{2}$、$-\dfrac{3\pi}{2}$、$\dfrac{5\pi}{2}$、$\dfrac{9\pi}{2}$、……を代入してもいいですね。

$$i = \cdots\cdots,\ e^{i\frac{-7\pi}{2}},\ e^{i\frac{-3\pi}{2}},\ e^{i\frac{\pi}{2}},\ e^{i\frac{5\pi}{2}},\ e^{i\frac{9\pi}{2}},\ \cdots\cdots$$

$$i^i = \cdots\cdots,\ e^{\frac{7\pi}{2}},\ e^{\frac{3\pi}{2}},\ e^{-\frac{\pi}{2}},\ e^{-\frac{5\pi}{2}},\ e^{-\frac{9\pi}{2}},\ \cdots\cdots$$

これで「i^i」が、上記の通り求まりました。

結局「i^i」は1つに定まるわけではなく、無数にあるということです。これにはオイラー自身、心底驚いたという話です。

このオイラーが驚いた「i^i」の多価性は、複素関数「$\log x$」のガウスの考察へとつながっていきます(p.161参照)。

i ｜ 複素関数「e^z」

これまで無限級数の話をしていたのに、なぜいきなり「美しい等式」……、と思いますよね。

それは$e^{i\theta}=\cos\theta+i\ \sin\theta$です。バーゼル問題の解決で、要となったのは「$\sin x$」でした。その「$\sin\theta$」が、$e^{i\theta}=\cos\theta+i\ \sin\theta$を通して「$e^{i\theta}$」と繋がってくるのです。しかもその「$e^{i\theta}$」は、（$i\theta$でなく実数$x$でしたが）ベルヌーイ数と関連していたのです。ベルヌーイ数の母関数は$\dfrac{xe^x}{e^x-1}$ $\left(B_1=\dfrac{1}{2}\right)$や$\dfrac{x}{e^x-1}$ $\left(B_1^*=-\dfrac{1}{2}\right)$のように、「$e^x$」が要になっていました。

さて「e^x」（xは実数）を、どうやって「e^z」（zは複素数）に拡張すればよいのでしょうか。これまで数直線に縛られてきたxを、複素数平面へと解き放つといっても、「お好きにどうぞ」というわけにはいきません。

$z=x+iy$（x、yは実数）としたとき、$z=x$のときはこれまで通りの「e^x」で、$z=i\theta$のときは$e^{i\theta}=\cos\theta+i\ \sin\theta$としたいのです。しかも$e^{x+iy}=e^x\cdot e^{iy}$も成り立たせたいことから、「$e^z$」は次のように定義されています。

$$e^{x+iy}=e^x(\cos y+i\ \sin y)$$

「e^z」（$z=x+iy$）の絶対値（原点からの距離）は「e^x」で、偏角（x軸の正の向きとのなす角）は「y」です。複素数平面上の2点が近いかどうかは（2点の差の）絶対値で判断しますが、その絶対値に実部しか関わらないのです。ちなみに無限級数は、どこに近づくかを問題にしていましたね。

i ｜「e^z」で表してみよう

これから、おなじみの関数を「e^z」（zは複素数）を用いて表してみましょう。

問 $\cos x$、$\sin x$（xは実数）をe^{ix}で表しましょう。
ただし$\dfrac{1}{e^{ix}}$はe^{-ix}と表すことにします。

$e^{ix}=\cos x+i\ \sin x$を用いるだけです。また実数xでは、$\cos(-x)=\cos x$、$\sin(-x)=-\sin x$です。

$$
\begin{array}{rl}
 & \cos x+i\ \sin x=e^{ix} \\
+) & \cos x-i\ \sin x=e^{-ix} \\
\hline
 & 2\cos x=e^{ix}+e^{-ix} \\
 & \cos x=\dfrac{e^{ix}+e^{-ix}}{2}
\end{array}
\qquad
\begin{array}{rl}
 & \cos x+i\ \sin x=e^{ix} \\
-) & \cos x-i\ \sin x=e^{-ix} \\
\hline
 & 2i\ \sin x=e^{ix}-e^{-ix} \\
 & \sin x=\dfrac{e^{ix}-e^{-ix}}{2i}
\end{array}
$$

$$\cos x=\frac{e^{ix}+e^{-ix}}{2}\ 、\ \sin x=\frac{e^{ix}-e^{-ix}}{2i}$$

次に $\cot x = \dfrac{\cos x}{\sin x}$ を見てみましょう。$\tan x = \dfrac{\sin x}{\cos x}$ ではなく $\cot x$ を見るのは、結果を知れば納得します。

問 $\cot x$（x は実数）を e^{ix} で表しましょう。
ただし $(e^{ix})^2$ は e^{2ix} と表すことにします。

$$
\begin{aligned}
\cot x &= \frac{\cos x}{\sin x} \\
&= \frac{e^{ix}+e^{-ix}}{2} \div \frac{e^{ix}-e^{-ix}}{2i} \\
&= \frac{e^{ix}+e^{-ix}}{2} \times \frac{2i}{e^{ix}-e^{-ix}} \\
&= i\,\frac{(e^{ix}+e^{-ix}) \times e^{ix}}{(e^{ix}-e^{-ix}) \times e^{ix}} \\
&= i\,\frac{(e^{2ix}+1)}{(e^{2ix}-1)} \\
&= i\,\frac{(e^{2ix}-1)+2}{(e^{2ix}-1)}
\end{aligned}
$$

$$
\boxed{\cot x = i + \frac{2i}{e^{2ix}-1}}
$$

この両辺に x をかけると、次のようになります。

$$x \cot x = ix + \frac{2ix}{e^{2ix}-1}$$

$\frac{2ix}{e^{2ix}-1}$ には見覚えがありますね。そう、$B_1^* = -\frac{1}{2}$ とした方のベルヌーイ数の母関数 $\frac{x}{e^x - 1}$ です。

$$\frac{x}{e^x-1} = B_0 + \frac{B_1^*}{1!}x + \frac{B_2}{2!}x^2 + \frac{B_3}{3!}x^3 + \cdots\cdots$$

i 「バーゼル問題」の続き (1)

ゼータ $\zeta(n)$ $(n>1)$ を次のような無限級数とします。

$$\zeta(n) = \frac{1}{1^n} + \frac{1}{2^n} + \frac{1}{3^n} + \cdots\cdots$$

バーゼル問題（とその続き）は、次の通りでした。

$$\zeta(2) = \frac{1}{1^2} + \frac{1}{2^2} + \frac{1}{3^2} + \cdots\cdots = \frac{\pi^2}{6}$$
$$\zeta(4) = \frac{1}{1^4} + \frac{1}{2^4} + \frac{1}{3^4} + \cdots\cdots = \frac{\pi^4}{90}$$
$$\zeta(6) = \frac{1}{1^6} + \frac{1}{2^6} + \frac{1}{3^6} + \cdots\cdots = \frac{\pi^6}{945}$$

この $\zeta(6)$ や、あるいは $\zeta(8)$ も、p.134で求めた $\zeta(4)$ と同様に、

「解と係数の関係」を用いて導き出せるかもしれません。でも、あらかじめ予測するのは困難ですね。

そこで着目するのが、バーゼル問題で要となった$\sin x$です。対数をとって$\log(\sin x)$とし、これを微分するのです。$\log x$を微分すると$\dfrac{1}{x}$で、$\sin x$を微分すると$\cos x$なので、$\log(\sin x)$を微分すると（合成関数の微分から）$\dfrac{1}{\sin x}\cdot\cos x=\dfrac{\cos x}{\sin x}=\cot x$となり、$\cot x$の登場です。ようやく繋がりが見えてきましたね。

i 「$\pi x\cot\pi x$」を2通りに表そう

それでは$\log(\sin x)$を微分しましょう。

まず$\sin x$は次の通りです。

$$\sin x = x\left(1-\frac{x^2}{1^2\pi^2}\right)\left(1-\frac{x^2}{2^2\pi^2}\right)\left(1-\frac{x^2}{3^2\pi^2}\right)\cdots\cdots$$

上のxをπxとします。

$$\sin\pi x = \pi x\left(1-\frac{x^2}{1^2}\right)\left(1-\frac{x^2}{2^2}\right)\left(1-\frac{x^2}{3^2}\right)\cdots\cdots$$

$$\log(\sin\pi x) = \log(\pi x)+\log\left(1-\frac{x^2}{1^2}\right)+\log\left(1-\frac{x^2}{2^2}\right)+\cdots\cdots$$

いよいよ両辺を微分します。

左辺の$\log(\sin\pi x)$を微分すると、（合成関数の微分から）

$\dfrac{1}{\sin \pi x} \cdot \cos \pi x \cdot \pi = \pi \dfrac{\cos \pi x}{\sin \pi x} = \pi \cot \pi x$ となります。

右辺を微分すると、$\log(\pi x)$ は $\dfrac{1}{\pi x} \cdot \pi = \dfrac{1}{x}$ となり、$\log\left(1 - \dfrac{x^2}{n^2}\right)$ は $\dfrac{1}{\left(1 - \dfrac{x^2}{n^2}\right)} \cdot \left(-\dfrac{2x}{n^2}\right) = \dfrac{-\dfrac{2x}{n^2}}{1 - \dfrac{x^2}{n^2}}$ となります。

$$\pi \cot \pi x = \frac{1}{x} + \frac{-\dfrac{2x}{1^2}}{1 - \dfrac{x^2}{1^2}} + \frac{-\dfrac{2x}{2^2}}{1 - \dfrac{x^2}{2^2}} + \frac{-\dfrac{2x}{3^2}}{1 - \dfrac{x^2}{3^2}} + \cdots\cdots$$

さらに、この両辺に x をかけます。

$$\pi x \cot \pi x = 1 - 2\left[\frac{\dfrac{x^2}{1^2}}{1 - \dfrac{x^2}{1^2}} + \frac{\dfrac{x^2}{2^2}}{1 - \dfrac{x^2}{2^2}} + \frac{\dfrac{x^2}{3^2}}{1 - \dfrac{x^2}{3^2}} + \cdots\cdots\right]$$

ここで $\dfrac{\dfrac{x^2}{n^2}}{1 - \dfrac{x^2}{n^2}} = \left(\dfrac{x^2}{n^2}\right) + \left(\dfrac{x^2}{n^2}\right)^2 + \left(\dfrac{x^2}{n^2}\right)^3 + \cdots\cdots$ $(|x| < n)$ より、次のようになってきます。

$$\begin{aligned}\pi x \cot \pi x = 1 &- 2\left\{\left(\frac{x^2}{1^2}\right) + \left(\frac{x^2}{1^2}\right)^2 + \left(\frac{x^2}{1^2}\right)^3 + \cdots\cdots\right\} \\ &- 2\left\{\left(\frac{x^2}{2^2}\right) + \left(\frac{x^2}{2^2}\right)^2 + \left(\frac{x^2}{2^2}\right)^3 + \cdots\cdots\right\} \\ &- 2\left\{\left(\frac{x^2}{3^2}\right) + \left(\frac{x^2}{3^2}\right)^2 + \left(\frac{x^2}{3^2}\right)^3 + \cdots\cdots\right\} \\ &\cdots\cdots\cdots\cdots\cdots\cdots\cdots\cdots\end{aligned}$$

$$
\begin{aligned}
&= 1-2\left\{\frac{1}{1^2}x^2+\frac{1}{1^4}x^4+\frac{1}{1^6}x^6+\cdots\cdots\right\}\\
&\qquad -2\left\{\frac{1}{2^2}x^2+\frac{1}{2^4}x^4+\frac{1}{2^6}x^6+\cdots\cdots\right\}\\
&\qquad -2\left\{\frac{1}{3^2}x^2+\frac{1}{3^4}x^4+\frac{1}{3^6}x^6+\cdots\cdots\right\}\\
&\qquad \cdots\cdots\cdots\cdots\cdots\cdots\cdots\cdots\cdots\cdots\cdots\cdots\cdots\cdots
\end{aligned}
$$

$$
\pi x\cot\pi x = 1-2\left[\zeta(2)x^2+\zeta(4)x^4+\zeta(6)x^6+\cdots\cdots\right]
$$

一方p.152の1行目の式で、xをπxとすると次の通りです。

$$
\pi x\cot\pi x = i\pi x+\frac{2i\pi x}{e^{2i\pi x}-1}
$$

ここでいよいよ、ベルヌーイ数の母関数$\dfrac{x}{e^x-1}$です。

$$
\frac{x}{e^x-1}=B_0+\frac{B_1^*}{1!}x+\frac{B_2}{2!}x^2+\frac{B_3}{3!}x^3+\cdots\cdots
$$

$$
\left(B_1^*=-\frac{1}{2}、B_{2n+1}=0\quad(n\geq 1)\right)
$$

これより、次のようになってきます$\left(B_1^*=-\dfrac{1}{2}\right)$。

$$
\begin{aligned}
\pi x\cot\pi x &= \cancel{i\pi x}+B_0+\cancel{\frac{B_1^*}{1!}2i\pi x}+\frac{B_2}{2!}(2i\pi x)^2+\frac{B_4}{4!}(2i\pi x)^4\\
&\qquad +\frac{B_6}{6!}(2i\pi x)^6+\cdots\cdots
\end{aligned}
$$

$$\pi x \cot \pi x = B_0 - \frac{B_2}{2!}(2\pi x)^2 + \frac{B_4}{4!}(2\pi x)^4 - \frac{B_6}{6!}(2\pi x)^6 + \cdots$$

i 「バーゼル問題」の続き (2)

いよいよ $\zeta(n)$ $(n>1)$ を求めていきます。

$$\zeta(n) = \frac{1}{1^n} + \frac{1}{2^n} + \frac{1}{3^n} + \cdots\cdots$$

これまで見てきたように、$\pi x \cot \pi x$ を2通りに表しました。

$$\pi x \cot \pi x = 1 - 2[\zeta(2)x^2 + \zeta(4)x^4 + \zeta(6)x^6 + \cdots\cdots]$$

$$\pi x \cot \pi x = B_0 - \frac{B_2}{2!}(2\pi x)^2 + \frac{B_4}{4!}(2\pi x)^4 - \frac{B_6}{6!}(2\pi x)^6 + \cdots$$

それでは、上記の2通りの「x^{2n} の係数」を比べていきます。

[**定数項**]　$1 = B_0$

[**x^2 の係数**]　$-2\zeta(2) = -\frac{B_2}{2!}(2\pi)^2$

$$\zeta(2) = \frac{2^2\pi^2}{2 \cdot 2!}B_2$$

$$\zeta(2) = \frac{2^1\pi^2}{2!}B_2$$

$$\left[\ B_2 = \frac{1}{6}\ \text{より}\ \zeta(2) = \frac{2^1\pi^2}{2!}\cdot\frac{1}{6} = \frac{\pi^2}{6}\ \right]$$

［ x^4**の係数** ］

$$-2\zeta(4) = +\frac{B_4}{4!}(2\pi)^4$$

$$\zeta(4) = -\frac{2^4\pi^4}{2\cdot 4!}B_4$$

$$\zeta(4) = -\frac{2^3\pi^4}{4!}B_4$$

$$\left[\ B_4 = -\frac{1}{30}\ \text{より}\ \zeta(4) = \frac{-2^3\pi^4}{4!}\cdot\frac{-1}{30} = \frac{\pi^4}{90}\ \right]$$

［ x^6**の係数** ］

$$-2\zeta(6) = -\frac{B_6}{6!}(2\pi)^6$$

$$\zeta(6) = \frac{2^6\pi^6}{2\cdot 6!}B_6$$

$$\zeta(6) = \frac{2^5\pi^6}{6!}B_6$$

$$\left[\ B_6 = \frac{1}{42}\ \text{より}\ \zeta(6) = \frac{2^5\pi^6}{6!}\cdot\frac{1}{42} = \frac{\pi^6}{945}\ \right]$$

［ x^8 の係数 ］　　$-2\zeta(8)=+\frac{B_8}{8!}(2\pi)^8$

$$\zeta(8)=-\frac{2^8\pi^8}{2\cdot 8!}B_8$$

$$\zeta(8)=-\frac{2^7\pi^8}{8!}B_8$$

$$\left[B_8=-\frac{1}{30}\text{ より }\zeta(8)=\frac{-2^7\pi^8}{8!}\cdot\frac{-1}{30}=\frac{\pi^8}{9450}\right]$$

［ x^{2k} の係数 ］　　$-2\zeta(2k)=(-1)^k\frac{B_{2k}}{(2k)!}(2\pi)^{2k}$

$$\zeta(2k)=(-1)^{k-1}\frac{2^{2k}\pi^{2k}}{2\cdot(2k)!}B_{2k}$$

$$\zeta(2k)=(-1)^{k-1}\frac{2^{2k-1}\pi^{2k}}{(2k)!}B_{2k}$$

《（正の）偶数でのゼータの値 》

$n\,(n\geq 1)$ が整数のとき、

$$\zeta(2n)=\frac{1}{1^{2n}}+\frac{1}{2^{2n}}+\frac{1}{3^{2n}}+\cdots\cdots=(-1)^{n-1}\frac{2^{2n-1}\pi^{2n}}{(2n)!}B_{2n}$$

$\zeta(2n)=\frac{1}{1^{2n}}+\frac{1}{2^{2n}}+\frac{1}{3^{2n}}+\cdots\cdots$ は正なので、この式から B_{2n} の正負が分かります（B_0 を除く）。

《 ベルヌーイ数 B_{2n} の正負 》$(n \geq 1)$

nが奇数のとき、B_{2n}は正　$(B_{4m+2}>0)$

nが偶数のとき、B_{2n}は負　$(B_{4m}<0)$

i 「バーゼル問題」の続き (3)

気になるのは、奇数の場合の$\zeta(2n+1)$ですね。

ちなみに$n=0$のときの$\zeta(2n+1)$、つまり

$$\zeta(1)=\frac{1}{1}+\frac{1}{2}+\frac{1}{3}+\cdots\cdots$$

は調和級数と呼ばれていて、$n\to\infty$のとき$\frac{1}{1}+\frac{1}{2}+\frac{1}{3}+\cdots\cdots+\frac{1}{n}\to\infty$です。つまり$\zeta(1)$は(発散してしまい)値をもちません。

さて奇数の場合の$\zeta(2n+1)$ $(n\geq 1)$は、簡単な表示式は得られていませんが、ラマヌジャンなどによる次の結果が知られています。ここでもベルヌーイ数が登場していますね。

《 (正の) 奇数でのゼータの表示式 》

$$\zeta(4n-1)=\frac{(2\pi)^{4n-1}}{2}\sum_{k=0}^{2n}(-1)^{k+1}\frac{B_{2k}}{(2k)!}\frac{B_{4n-2k}}{(4n-2k)!}-2\sum_{k=1}^{\infty}\frac{k^{-4n+1}}{e^{2\pi k}-1}$$

$$\zeta(4n+1) = \frac{(2\pi)^{4n+1}}{2^{4n+1}-2} \sum_{k=0}^{2n+1} (-1)^{k+1} \frac{2^{2k} B_{2k}}{(2k)!} \frac{B_{4n+2-2k}}{(4n+2-2k)!} - \frac{2^{4n+1}}{2^{4n}-1} \sum_{k=1}^{\infty} \frac{k^{-4n-1}}{e^{\pi k}+(-1)^k}$$

（Wikipedia「リーマンゼータ関数」より引用）

$$\zeta(3) = \frac{1}{1^3} + \frac{1}{2^3} + \frac{1}{3^3} + \cdots\cdots \fallingdotseq 1.2020569032$$

$$\zeta(5) = \frac{1}{1^5} + \frac{1}{2^5} + \frac{1}{3^5} + \cdots\cdots \fallingdotseq 1.0369277551$$

$$\zeta(7) = \frac{1}{1^7} + \frac{1}{2^7} + \frac{1}{3^7} + \cdots\cdots \fallingdotseq 1.0083492774$$

$$\zeta(9) = \frac{1}{1^9} + \frac{1}{2^9} + \frac{1}{3^9} + \cdots\cdots \fallingdotseq 1.0020083928$$

ここで$\zeta(3)$は無理数だと判明しています。その証明は、1978年にロジェ・アペリーによって発表されました。

2000年には*T. Rivoal*が、$\zeta(2n+1)$が無理数になるような整数nが数多く存在することを示しました。さらに2001年には、$\zeta(5)$、$\zeta(7)$、$\zeta(9)$、……、$\zeta(21)$の中の少なくとも1つは無理数だと証明したのです。

ところが何と同じ2001年に、*Wadim Zudilin*が$\zeta(21)$を$\zeta(11)$まで縮めたのです。つまり$\zeta(5)$、$\zeta(7)$、$\zeta(9)$、$\zeta(11)$の4つの中の少なくとも1つは無理数だということです。

Column

06 ガウスと対数関数

複素数平面のまたの名は、ガウス平面です。数学の王者ガウスは、複素数を手中の玉として自在に操っていました。

そんなガウスが、オイラーの発見

$$i^i = \cdots\cdots, e^{\frac{7\pi}{2}}, e^{\frac{3\pi}{2}}, e^{-\frac{\pi}{2}}, e^{-\frac{5\pi}{2}}, e^{-\frac{9\pi}{2}}, \cdots\cdots$$

を、このままで済ませるはずがありませんよね。さらに追及して、対数関数 $y = \log x$ を複素数平面で考察したのです。

ガウスはその結果を、ベッセルに手紙で知らせています。コーシーが複素積分に関する論文（1825年）を提出する14年前の、1811年12月18日のことです（参考文献[6]参照）。

ガウスは（手紙の中で）$\log x$ を、

$$\log x = \int_1 \frac{1}{x}\,dx$$

で定義すると、

$$\int \frac{e^x - 1}{x}\,dx$$

と比べて、どのような違いが出てくるかを指摘しました。

被積分関数の$y=\dfrac{1}{x}$と$y=\dfrac{e^x-1}{x}$は、どちらも$x=0$で定義されていません。いわば穴が開いています。

ところが、いざ積分（線積分）するとなると、大きな違いが出てくるのです。

$\dfrac{1}{x}$を（複素数平面で）積分すると、積分路が（穴の）$x=0$の周りを回るごとに$+2\pi i$や$-2\pi i$が加わってきて、多価関数になるというのです。これに対して$\dfrac{e^x-1}{x}$ではそんなことは起きず、一価関数になると指摘しました。

その違いは、積分路で囲まれた中にある（穴の）$x=0$で$\dfrac{1}{x}\to\infty$となるか、$\dfrac{e^x-1}{x}\to 1\,(\neq\infty)$となるかだと見抜き、$\displaystyle\int\frac{e^x-1}{x}dx$の方は、常に収束する（べき）級数

$$x+\frac{1}{4}x^2+\frac{1}{18}x^3+\frac{1}{96}x^4+\cdots\cdots$$

で表されると指摘しました。

$$\frac{e^x-1}{x}=\frac{1}{x}\left\{\left(\cancel{1}+\frac{1}{1!}x+\frac{1}{2!}x^2+\frac{1}{3!}x^3+\frac{1}{4!}x^4+\cdots\right)-\cancel{1}\right\}$$
$$=1+\frac{1}{2}x+\frac{1}{6}x^2+\frac{1}{24}x^3+\cdots\cdots$$
$$\int\frac{e^x-1}{x}dx=x+\frac{1}{4}x^2+\frac{1}{18}x^3+\frac{1}{96}x^4+\cdots\cdots$$

さて「複素数の複素数乗」は、e^z、$\log z$を用いて定義されます。

$$z^s = e^{s \log z}$$

するとオイラーが指摘した「i^i」は、次のようになります。

$$i^i = e^{i \log i}$$

ここで$\log i$は、ガウスが指摘したように「$x=0$を回るごとに」$+2\pi i$や$-2\pi i$が加わってきます。ちなみに「$x=0$を1度も回らない」ときの値は、次のように求まります。

下図の積分路C_0上では、$z=\cos\theta + i\sin\theta = e^{i\theta}$ $(0 \leq \theta \leq \frac{\pi}{2})$、$dz = (-\sin\theta + i\cos\theta)\,d\theta = ie^{i\theta}\,d\theta$です。

$$\log i = \int_{C_0} \frac{1}{z}\,dz = \int_0^{\frac{\pi}{2}} \frac{1}{e^{i\theta}}\,ie^{i\theta}\,d\theta$$

$$= \int_0^{\frac{\pi}{2}} i\,d\theta = i\,[\theta]_0^{\frac{\pi}{2}} = \frac{\pi}{2}i$$

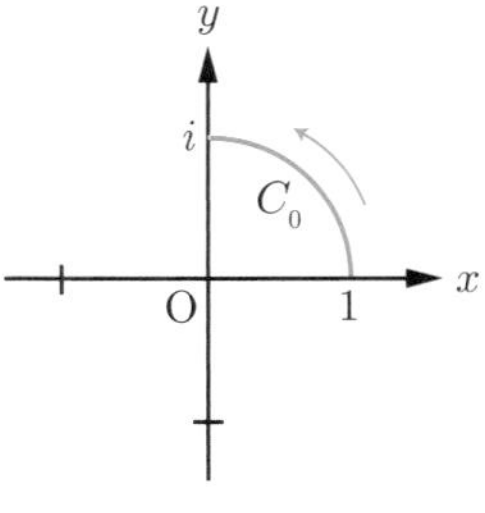

$\log i$の1つが$\frac{\pi}{2}i$と求まりました。一般に「1」を出発して（原点の周りを$\pm n$回転して）「i」にたどりつく積分路では、上記の「$\frac{\pi}{2}$」が「$2n\pi + \frac{\pi}{2}$」や$-2n\pi - \frac{3}{2}\pi =$「$-2(n+1)\pi + \frac{\pi}{2}$」となり

$$\log i = \left(\frac{\pi}{2} \pm 2n\pi\right) i \quad (n = 0,\ 1,\ 2,\ \cdots)$$

となってきます。このため、「i^i」は次のようになります。

$$i^{\,i} = e^{i \log i} = e^{i\left(\frac{\pi}{2} \pm 2n\pi\right)i} = e^{-\left(\frac{\pi}{2} \pm 2n\pi\right)}$$

オイラーが発見した

$$i^{\,i} = \cdots\cdots,\ e^{\frac{7\pi}{2}},\ e^{\frac{3\pi}{2}},\ e^{-\frac{\pi}{2}},\ e^{-\frac{5\pi}{2}},\ e^{-\frac{9\pi}{2}},\ \cdots\cdots$$

が出てきましたね。

7章

オイラーの「月と太陽」

7章

オイラーの「月と太陽」

オイラーほどの天才が、常識の枠で収まるはずがありません。無限級数で定義されたゼータを、収束域の「外」に拡張（接続）すべく一歩踏み出し、ついには関数等式の「月と太陽の関係」を発見しました。ここからスタートしたのが、リーマンです。

拡張（接続）してみよう

こんな式を見せられたら、どう思いますか。

$$\text{“}\ 1-1+1-1+\ \cdots\cdots\ \text{”}=\frac{1}{2}$$

$$\text{“}\ 1+2+2^2+2^3+\ \cdots\cdots\ \text{”}=-1$$

$$\text{“}\ 1+3+3^2+3^3+\ \cdots\cdots\ \text{”}=-\frac{1}{2}$$

とうてい納得できませんよね。

例えば$1-1+1-1+\ \cdots\cdots$のn項までの部分和を$S(n)$とすると、nが偶数のときは$S(n)=0$、nが奇数のときは$S(n)=1$です。$n\to\infty$のとき$S(n)$は一定の値に近づかず、1、0、1、0、……といつまでたっても振動するだけです。ちなみに振動は発散の一種です。

その他に関しては$n \to \infty$のとき、$1+2+2^2+ \cdots +2^{n-1} \to \infty$、$1+3+3^2+ \cdots +3^{n-1} \to \infty$です。

$1-1+1-1+ \cdots\cdots$の$\dfrac{1}{2}$は、もしかすると$S(n)=0$と、$S(n)=1$の中間をとったのかとも思えますが、残りの「-1」や「$-\dfrac{1}{2}$」はいったいどこから出てきたのでしょうか。

そもそも“　”は、何のつもりだというのでしょうか。

ここで$f(x)$を次のような関数とします。

$$f(x)=1+x+x^2+x^3+ \cdots\cdots$$

この$f(x)$は、すべての実数xで定義されるわけではありません。収束しないことには$f(x)$の値が決まらず、関数として意味をなさないのです（ちなみに形式的べき級数として扱う場合は、xに値を代入しないので、収束は問題にしません）。

上記の$f(x)$は、$|x|<1$では収束しますが、$|x| \geq 1$では発散します。つまり$|x|<1$が、関数$f(x)$の定義域です。$f(x)$は、この定義域という名の「住みか」から外に出られません。

$$f(x)=1+x+x^2+x^3+ \cdots\cdots \quad (|x|<1)$$

一方で$g(x)$を、次のような関数とします。関数$g(x)$の定義域は$x \neq 1$です。$f(x)$と比べて、その「住みか」は広々としたものです。

$$g(x)=\frac{1}{1-x} \quad (x \neq 1)$$

この $f(x)$ と $g(x)$ は、じつは無関係ではありません。

$f(x)$ の n 項までの部分和 $S(n)$ は次の通りです。

$$1+x+x^2+\cdots+x^{n-1}=\frac{1-x^n}{1-x}$$

$n\to\infty$ とすると、$|x|<1$ では $x^n\to 0$ から $\frac{1-x^n}{1-x}\to\frac{1}{1-x}$ となります。つまり $f(x)$ が定義されている $|x|<1$ では、$f(x)$ と $g(x)$ は一致しているのです。

$f(x)$ の拡張（接続）の仕方は（実数の関数ではなおさらのこと）条件によります。ここでは深入りせず、$g(x)$ は $f(x)$ を $|x|<1$ の「外」である $x\neq 1$ へ拡張（接続）した関数と見なすことにします。

$g(x)=\frac{1}{1-x}$ の $x=-1$、2、3での値は、次の通りです。

$$g(-1)=\frac{1}{1-(-1)}=\frac{1}{2}$$
$$g(2)=\frac{1}{1-2}=-1$$
$$g(3)=\frac{1}{1-3}=-\frac{1}{2}$$

これらを「$f(x)$ を拡張（接続）した関数」での値ということで、“　”をつけて表すと次のようになります。

$$g(-1) = \frac{1}{2} \quad \Rightarrow \quad \text{“}1 - 1 + 1 - 1 + \cdots\cdots\text{”} = \frac{1}{2}$$

$$g(2) = -1 \quad \Rightarrow \quad \text{“}1 + 2 + 2^2 + 2^3 + \cdots\cdots\text{”} = -1$$

$$g(3) = -\frac{1}{2} \quad \Rightarrow \quad \text{“}1 + 3 + 3^2 + 3^3 + \cdots\cdots\text{”} = -\frac{1}{2}$$

つまり“　”は（当初の）無限級数にとどまって出てくる値ではなく、あくまでも拡張（接続）した先での値ということです。

オイラーの「月と太陽」

これまで$\zeta(n)$を、nが2以上の整数として見てきました。

$$\zeta(n) = \frac{1}{1^n} + \frac{1}{2^n} + \frac{1}{3^n} + \cdots\cdots$$

ここで整数nを実数xとしても、「$x>1$」では収束することから、定義域が$x>1$の実数xの関数$\zeta(x)$が定義されます。

《ゼータ関数$\zeta(x)$》

$$\zeta(x) = \frac{1}{1^x} + \frac{1}{2^x} + \frac{1}{3^x} + \cdots\cdots \quad (x>1)$$

ちなみに関数$\zeta(x) = \frac{1}{1^x} + \frac{1}{2^x} + \frac{1}{3^x} + \cdots\cdots$の定義域が「$x>1$」というのは、あくまでもこの無限級数にとどまった場合の話です。

オイラーは$\zeta(x)$を、どうにかして「$x<1$」に拡張（接続）しようと、一歩踏み出すことを決意しました。

オイラーは、論文『**べき乗和と逆数のべき乗和の美しい関係についての考察**』（1749年執筆、1768年出版）で、2種類の無限級数の間の関係について研究成果を発表しました。

次の無限級数を「太陽◉」と「月☽」とした上で、それらの関係を表す等式を求めたのです（引用文献［2］参照）。

《 オイラーの「月と太陽」》

「太陽◉」（$Z(m)$）$1^m - 2^m + 3^m - 4^m + 5^m - 6^m + \cdots\cdots$

「月☽」（$Z(-n)$）$1^{-n} - 2^{-n} + 3^{-n} - 4^{-n} + 5^{-n} - 6^{-n} + \cdots\cdots$

$$= \frac{1}{1^n} - \frac{1}{2^n} + \frac{1}{3^n} - \frac{1}{4^n} + \frac{1}{5^n} - \frac{1}{6^n} + \cdots\cdots$$

例えば$Z(1) = 1 - 2 + 3 - 4 + 5 - 6 + \cdots\cdots$ですが、$Z(1)$は発散して値をもちません。つまり$m=1$は$Z(m)$の定義域の「外」なのです。その「外」での値を何とか求めようと、オイラーは次のような工夫をしました。

まず$|x|<1$では、次が成り立ちます。

$$1 - x + x^2 - x^3 + x^4 - x^5 + x^6 - \cdots\cdots = \frac{1}{1+x}$$

この両辺を微分して、さらに(-1)倍します。

$$1-2x+3x^2-4x^3+5x^4-6x^5+\cdots\cdots=\frac{1}{(1+x)^2}$$

ここで関数$1-2x+3x^2-4x^3+5x^4-6x^5+\ \cdots\cdots$ を「$x\neq-1$」に拡張（接続）した関数が$\dfrac{1}{(1+x)^2}$だとみなします。すると$x=1$のとき$\dfrac{1}{(1+x)^2}=\dfrac{1}{(1+1)^2}=\dfrac{1}{4}$より、

$$Z(1)=\text{“}\ 1-2+3-4+5-6+\ \cdots\cdots\ \text{”}=\frac{1}{4}$$

と求まります。

結論として、オイラーが求めた「月と太陽」の間に成り立つ関係は、次のようなものでした。

等式の左辺（上の式）の分母が「月」で、分子が「太陽」です。

《 オイラーの関数等式 》

$$\frac{1^{n-1}-2^{n-1}+3^{n-1}-4^{n-1}+5^{n-1}-6^{n-1}+\ \cdots\cdots}{1^{-n}-2^{-n}+3^{-n}-4^{-n}+5^{-n}-6^{-n}+\ \cdots\cdots}$$

$$=\frac{-1\cdot2\cdot3\cdot\cdots\cdot(n-1)(2^n-1)}{(2^{n-1}-1)\pi^n}\cos\left(\frac{n\pi}{2}\right)$$

オイラーはこの等式が、自然数nだけでなく、実数xでも成り立つと考えました。でもさすがのオイラーも、実数の場合の証明

には至りませんでした。

この等式に対する並々ならぬ思い入れを、オイラーは論文の中で次のように述べています。

> *「この等式の完全なる証明は、*
> *必ずや他の多くのこの性質の研究に*
> *大いなる光を与えるだろう」*

（引用文献［2］p.16より引用）

オイラーの偉大さをもってしても、この等式が注目されることはなかったようです。ようやくこの等式の価値を見出したのは、「リーマン予想」で有名なリーマンです。すでに100年近く経過した、1859年のことでした。

ガンマ関数

p.171の等式の「自然数nを実数xに拡張したい」となると、その前に気になることがありますね。

右辺（下の式）分子の

$$1\cdot 2\cdot 3\cdot\cdots\cdot(n-1)=(n-1)!$$

のnを、どうやって実数xに拡張するというのでしょうか。

例えば$x=\frac{3}{2}$のとき、$(n-1)!=\left(\frac{3}{2}-1\right)!=\frac{1}{2}!$はどんな値だ

というのでしょうか。

オイラーは$(n-1)!$の実数への拡張を、p.171の等式を契機としてではなく、その20年以上前の1730年頃に解決していました。

それを$(x-1)!$ではなく$\Gamma(x)$と記したのはルジャンドルで、後になってからのことです。これ以降、(オイラーの) ガンマ関数と呼ばれるようになりました。

《 ガンマ関数 》

$$\Gamma(x)=\int_0^{\infty} t^{x-1}e^{-t}dt \qquad (x>0)$$

この∞までの積分$\int_0^{\infty} t^{x-1}e^{-t}dt$は、$\lim_{h\to\infty}\int_0^{h} t^{x-1}e^{-t}dt$で定義されます。これは$x>0$で収束しますが、$x=0$では発散します。

問 次の値を求めましょう。

(1) $\Gamma(1)$　　(2) $\Gamma\left(\frac{1}{2}\right)$

$$(1)\ \Gamma(1)=\lim_{h\to\infty}\int_0^{h} t^{1-1}e^{-t}dt=\lim_{h\to\infty}\int_0^{h} e^{-t}dt$$

$$=\lim_{h\to\infty}\left[-e^{-t}\right]_0^{h}=\lim_{h\to\infty}\left\{\left(-\frac{1}{e^h}\right)-(-1)\right\}=\boxed{1}$$

$$(2)\ \Gamma\left(\frac{1}{2}\right)=\int_0^{\infty} t^{\frac{1}{2}-1}e^{-t}dt=\int_0^{\infty} t^{-\frac{1}{2}}e^{-t}dt \quad (t=s^2 \text{と置く})$$

$$=\int_0^{\infty} \cancel{s^{-1}}e^{-s^2}2\cancel{s}ds=2\int_0^{\infty} e^{-s^2}ds=\int_{-\infty}^{\infty} e^{-s^2}ds=\boxed{\sqrt{\pi}}$$

最後の $\int_{-\infty}^{\infty} e^{-s^2}ds=\sqrt{\pi}$ は、両辺を $\sqrt{\pi}$ で割ると、ガウスの正規分布（誤差分布）で有名です。$y=\frac{1}{\sqrt{\pi}}e^{-x^2}$ の下の面積が確率となっていて、全体の面積 $\frac{1}{\sqrt{\pi}}\int_{-\infty}^{\infty} e^{-s^2}ds$ は（100%に相当する）確率1です。つまり $\frac{1}{\sqrt{\pi}}\int_{-\infty}^{\infty} e^{-s^2}ds=1$ です。

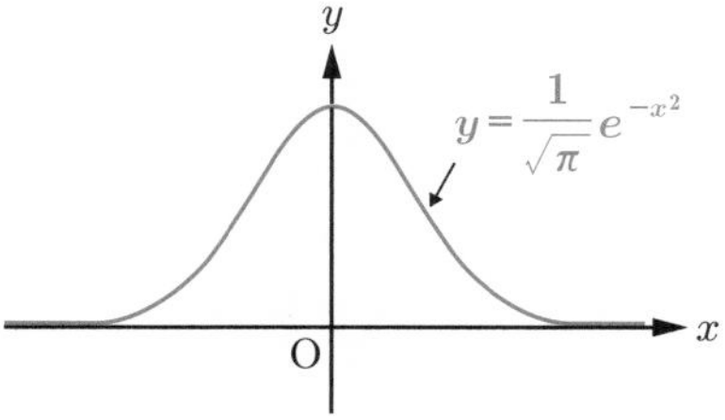

問 次を示しましょう。

$$\Gamma(x+1)=x\Gamma(x)$$

部分積分を用いて $\Gamma(x+1)$ を計算するだけです。

$$
\begin{aligned}
\Gamma(x+1) &= \int_0^{\infty} t^x e^{-t} dt = \int_0^{\infty} t^x (-e^{-t})' \, dt \\
&= [-t^x e^{-t}]_0^{\infty} - \int_0^{\infty} (t^x)' \, (-e^{-t}) \, dt \\
&= 0 - \int_0^{\infty} x t^{x-1} (-e^{-t}) \, dt \\
&= x \int_0^{\infty} t^{x-1} e^{-t} dt = x\Gamma(x)
\end{aligned}
$$

問 自然数nについて、次を示しましょう。

$$\Gamma(n) = (n-1)!$$

まず $\Gamma(1) = 1 = 0! = (1-1)!$です(p.173参照)。

$n > 1$のとき

$$
\begin{aligned}
\Gamma(n) &= \Gamma((n-1)+1) \\
&= (n-1)\,\Gamma(n-1) \\
&= (n-1)(n-2)\,\Gamma(n-2) \\
&\cdots\cdots\cdots\cdots\cdots\cdots \\
&= (n-1)(n-2)\cdots\cdots 2 \cdot 1\Gamma(1) \\
&= (n-1)(n-2)\cdots\cdots 2 \cdot 1 \cdot 1 \\
&= (n-1)!
\end{aligned}
$$

《 ガンマ関数の性質 》

$$\Gamma(x+1) = x\,\Gamma(x) \qquad (x\text{は実数})$$

$$\Gamma(n) = (n-1)! \qquad (n\text{は自然数})$$

くれぐれも $\Gamma(n) = (n-1)!$ であって、$\Gamma(n) = n!$ ではないことに注意しましょう。

ガンマ関数の拡張

$\Gamma(x)\,(x>0)$ は、$x<0$ に拡張（接続）することができます。$\Gamma(x+1)=x\Gamma(x)$ が成り立つように拡張していくだけです。ただし $\Gamma(0)$ は発散するので、拡張された $\Gamma(x)$ でも、$\Gamma(-1)$、$\Gamma(-2)$、$\Gamma(-3)$、……は（順次）$\Gamma(0)$ と同じく発散することになります。

$$(-1)\,\Gamma(-1) = \Gamma(-1+1) = \Gamma(0) \quad \Rightarrow \Gamma(-1)\text{ も発散}$$

$$(-2)\,\Gamma(-2) = \Gamma(-2+1) = \Gamma(-1) \quad \Rightarrow \Gamma(-2)\text{ も発散}$$

$$(-3)\,\Gamma(-3) = \Gamma(-3+1) = \Gamma(-2) \quad \Rightarrow \Gamma(-3)\text{ も発散}$$

それでは少し具体例を見てみましょう。ここで“$x!$”は $\Gamma(x+1)$ のことで、あくまでも比喩的に表現したものです。

問 次の値を求めましょう。

(1) “$\frac{1}{2}$!”　　(2) “$\frac{3}{2}$!”

(3) “$\left(-\frac{1}{2}\right)$!”　　(4) “$\left(-\frac{3}{2}\right)$!”

(1) $“\frac{1}{2}!” = \Gamma\left(\frac{1}{2}+1\right) = \frac{1}{2}\Gamma\left(\frac{1}{2}\right) = \frac{1}{2}\cdot\sqrt{\pi} = \boxed{\frac{\sqrt{\pi}}{2}}$ (p.174参照)

(2) $“\frac{3}{2}!” = \Gamma\left(\frac{3}{2}+1\right) = \frac{3}{2}\Gamma\left(\frac{3}{2}\right) = \frac{3}{2}\Gamma\left(\frac{1}{2}+1\right)$

$$= \frac{3}{2}\cdot\frac{1}{2}\Gamma\left(\frac{1}{2}\right) = \frac{3}{2}\cdot\frac{1}{2}\cdot\sqrt{\pi} = \boxed{\frac{3\sqrt{\pi}}{4}}$$

(3) $“\left(-\frac{1}{2}\right)!” = \Gamma\left(-\frac{1}{2}+1\right) = \Gamma\left(\frac{1}{2}\right) = \boxed{\sqrt{\pi}}$

(4) $“\left(-\frac{3}{2}\right)!” = \Gamma\left(-\frac{3}{2}+1\right) = \Gamma\left(-\frac{1}{2}\right)$

ここから$\Gamma\left(-\frac{1}{2}\right)$を求めていきます。

まず$\left(-\frac{1}{2}\right)\Gamma\left(-\frac{1}{2}\right) = \Gamma\left(-\frac{1}{2}+1\right) = \Gamma\left(\frac{1}{2}\right) = \sqrt{\pi}$ です。

左辺と右辺に(-2)をかけると、$\Gamma\left(-\frac{1}{2}\right) = -2\sqrt{\pi}$と求まります。

以上から、$“\left(-\frac{3}{2}\right)!” = \Gamma\left(-\frac{1}{2}\right) = \boxed{-2\sqrt{\pi}}$

ゼータ関数の積分表示

オイラーはガンマ関数を用いて、ゼータ関数 $\zeta(x)$

$$\zeta(x) = \frac{1}{1^x} + \frac{1}{2^x} + \frac{1}{3^x} + \cdots\cdots$$

の積分表示に成功しました。これから見ていきましょう。

まず $\Gamma(x) = \int_0^\infty t^{x-1} e^{-t} dt \ \ (x > 0)$ の中の「e^{-t}」を「e^{-nt}」(n は自然数)とし、さらに $h = nt \ (n^{-1}h = t)$ と置きます ($n^{-1}dh = dt$)。

$$\int_0^\infty t^{x-1} e^{-nt} dt = \int_0^\infty (n^{-1}h)^{x-1} e^{-h} n^{-1} dh$$

$$= n^{-x} \int_0^\infty h^{x-1} e^{-h} dh$$

$$= n^{-x} \Gamma(x)$$

$$\boxed{\int_0^\infty t^{x-1} e^{-nt} dt = \frac{\Gamma(x)}{n^x}}$$

$$\boxed{\frac{1}{\Gamma(x)} \int_0^\infty t^{x-1} e^{-nt} dt = \frac{1}{n^x}}$$

これでゼータ関数 $\zeta(x)$

$$\zeta(x) = \frac{1}{1^x} + \frac{1}{2^x} + \frac{1}{3^x} + \cdots\cdots + \frac{1}{n^x} + \cdots\cdots$$

の中の「$\frac{1}{n^x}$」が積分表示されました。

それではこれを用いて、これから$\zeta(x)$を積分表示していきましょう。

$$\frac{1}{1^x}=\frac{1}{\Gamma(x)}\int_0^{\infty}t^{x-1}e^{-1t}dt$$

$$\frac{1}{2^x}=\frac{1}{\Gamma(x)}\int_0^{\infty}t^{x-1}e^{-2t}dt$$

$$\frac{1}{3^x}=\frac{1}{\Gamma(x)}\int_0^{\infty}t^{x-1}e^{-3t}dt$$

……………………………

+)

$$\zeta(x)=\frac{1}{\Gamma(x)}\int_0^{\infty}t^{x-1}(e^{-1t}+e^{-2t}+e^{-3t}+\cdots\cdots)dt$$

$$=\frac{1}{\Gamma(x)}\int_0^{\infty}t^{x-1}((e^{-t})^1+(e^{-t})^2+(e^{-t})^3+\cdots\cdots)dt$$

$$=\frac{1}{\Gamma(x)}\int_0^{\infty}t^{x-1}\frac{e^{-t}}{1-e^{-t}}dt$$

$$=\frac{1}{\Gamma(x)}\int_0^{\infty}t^{x-1}\frac{e^{-t}\times e^{t}}{(1-e^{-t})\times e^{t}}dt$$

$$=\frac{1}{\Gamma(x)}\int_0^{\infty}\frac{t^{x-1}}{e^{t}-1}dt$$

《 ゼータ関数の積分表示 》

$$\zeta(x) = \frac{1}{\Gamma(x)} \int_0^{\infty} \frac{t^{x-1}}{e^t - 1} dt \qquad (x > 0)$$

$$\left[\Gamma(x)\,\zeta(x) = \int_0^{\infty} \frac{t^{x-1}}{e^t - 1} dt \qquad (x > 0) \right]$$

ここで最初に例として取り上げた

$$f(x) = 1 + x + x^2 + \cdots\cdots$$

を思い起こしてみましょう。この $f(x)$ は $|x| < 1$ という狭い「内」で見た姿であって、$x \neq 1$ という広い「外」に拡張（接続）すると、本来の姿は

$$g(x) = \frac{1}{1-x}$$

という話でした。

それではゼータ関数 $\zeta(x)$

$$\zeta(x) = \frac{1}{1^x} + \frac{1}{2^x} + \frac{1}{3^x} + \cdots\cdots$$

はどうでしょうか。この $\zeta(x)$ が $x > 1$ という狭い「内」で見た姿というなら、広い「外」での本来の姿は何なのでしょうか。

じつは、それが今求めた $\dfrac{1}{\Gamma(x)} \displaystyle\int_0^{\infty} \frac{t^{x-1}}{e^t - 1} dt$ です。

オイラーがこの$\zeta(x)$の積分表示を発見した約100年後に、リーマンは（オイラーによる）この表示式に着目しました。

次のリーマンの論文では、$x \to s$、$t \to x$となっています。また$\Pi(s)$はガウスのパイ関数で、$\Pi(s-1)=\Gamma(s)$です。

＊　＊　＊　＊　＊

しかしこれに対して，すべてのsに対して成り立つこの関数の表示式を容易に見出すことができる．等式

$$\int_0^\infty e^{-nx}x^{s-1}dx=\frac{\Pi(s-1)}{n^s}$$

を用いると，

$$\Pi(s-1)\ \zeta(s)=\int_0^\infty \frac{x^{s-1}dx}{e^x-1}$$

が得られる．

（引用文献［3］p.155より引用）

＊　＊　＊　＊　＊

上の$\zeta(s)$の表示式は、リーマンが述べている通り「すべてのsに対して成り立つ」ので、これにて拡張（接続）は完了です。ただしここでの「すべてのs」は、オイラーが実数を想定していたのに対して、リーマンは複素数としています。

オイラーは、収束しない「外」への拡張（接続）に挑みました。リーマンはさらに数直線の「外」、つまり複素数平面へと飛躍させ、

複素関数論を開拓することを決意したのです。リーマンゼータ誕生の宣言です（もちろん$s=1+0i$では発散します）。

$\zeta(x)$を「$x>1$」から「$x>-n$」へ

ここでは$\zeta(x)$の表示式を、あえて実数xに限定して、これから見ていくことにしましょう。

次はベルヌーイ数の母関数$\dfrac{te^t}{e^t-1}$を、原点でテイラー展開したものです。

《ベルヌーイ数の母関数$\left(B_1=\dfrac{1}{2}\right)$》

$$\frac{te^t}{e^t-1}=B_0+\frac{B_1}{1!}t+\frac{B_2}{2!}t^2+\frac{B_3}{3!}t^3+\cdots\cdots$$

$f_n(t)$を、次のような（t^nまでで切った）多項式とします。

$$f_n(t)=B_0+\frac{B_1}{1!}t+\frac{B_2}{2!}t^2+\frac{B_3}{3!}t^3+\cdots\cdots+\frac{B_n}{n!}t^n$$

すると、次のようになります。

$$\frac{te^t}{e^t-1}=f_n(t)+\left[\frac{te^t}{e^t-1}-f_n(t)\right]$$

$$\left(\left[\frac{te^t}{e^t-1}-f_n(t)\right]=\frac{B_{n+1}}{(n+1)!}t^{n+1}+\cdots\cdots\right)$$

それではp.180の$\Gamma(x)\zeta(x)$の積分表示を見ていきます。

$$\Gamma(x)\zeta(x)=\int_0^{\infty}\frac{t^{x-1}}{e^t-1}dt$$

$$=\int_0^{\infty}\frac{te^t}{e^t-1}e^{-t}t^{x-2}dt$$

$$=\int_0^{\infty}\left\{f_n(t)+\left[\frac{te^t}{e^t-1}-f_n(t)\right]\right\}e^{-t}t^{x-2}dt$$

$$=\boxed{\int_0^{\infty}f_n(t)\,e^{-t}t^{x-2}dt}+\boxed{\int_0^{\infty}\left[\frac{te^t}{e^t-1}-f_n(t)\right]e^{-t}t^{x-2}dt}$$

$$=\boxed{S_F(x)}+\boxed{S_B(x)}$$ （上の□をこのように置きます）

ここで $\left[\dfrac{te^t}{e^t-1}-f_n(t)\right]=\dfrac{B_{n+1}}{(n+1)!}t^{n+1}+$ ……なので、$S_B(x)$は「$(n+1)+(x-2)>-1$」つまり「$x>-n$」で収束します。

また$S_F(x)$は次の通りです（$\Gamma(x)=\displaystyle\int_0^{\infty}t^{x-1}e^tdt$）。

$$S_F(x)=\int_0^{\infty}f_n(t)\,e^{-t}t^{x-2}dt$$

$$=\int_0^{\infty}\left(B_0+\frac{B_1}{1!}t+\frac{B_2}{2!}t^2+\cdots+\frac{B_n}{n!}t^n\right)e^{-t}t^{x-2}dt$$

$$=B_0\Gamma(x-1)+\frac{B_1}{1!}\Gamma(x)+\frac{B_2}{2!}\Gamma(x+1)+\cdots$$

$$\cdots+\frac{B_n}{n!}\Gamma(x+n-1)$$

さて$\Gamma(x)\zeta(x)=S_F(x)+S_B(x)$より、$\zeta(x)$は次の通りです。

$$\zeta(x)=\frac{S_F(x)}{\Gamma(x)}+\frac{S_B(x)}{\Gamma(x)}$$

まずはp.183の$S_F(x)$を見て、$\dfrac{S_F(x)}{\Gamma(x)}$を求めます。

$$\frac{S_F(x)}{\Gamma(x)}=B_0\frac{\Gamma(x-1)}{\Gamma(x)}+\frac{B_1}{1!}\frac{\cancel{\Gamma(x)}}{\cancel{\Gamma(x)}}+\frac{B_2}{2!}\frac{\Gamma(x+1)}{\Gamma(x)}+$$

$$+\frac{B_3}{3!}\frac{\Gamma(x+2)}{\Gamma(x)}+\cdots\cdots+\frac{B_n}{n!}\frac{\Gamma(x+n-1)}{\Gamma(x)}$$

ここで、次のようになっています。

まず$\Gamma(x)=\Gamma((x-1)+1)=(x-1)\Gamma(x-1)$の両辺より、

$$\frac{\Gamma(x)}{x-1}=\Gamma(x-1)\quad\Rightarrow\quad\frac{1}{x-1}=\frac{\Gamma(x-1)}{\Gamma(x)}$$

$$\Gamma(x+1)=x\Gamma(x)\quad\Rightarrow\quad\frac{\Gamma(x+1)}{\Gamma(x)}=x$$

$$\Gamma(x+2)=(x+1)\Gamma(x+1)=(x+1)x\Gamma(x)$$

$$\Rightarrow\quad\frac{\Gamma(x+2)}{\Gamma(x)}=x(x+1)$$

$$\Gamma(x+3)=(x+2)(x+1)x\Gamma(x)$$

$$\Rightarrow\quad\frac{\Gamma(x+3)}{\Gamma(x)}=x(x+1)(x+2)$$

以下同様で、次のようになります。

$$\frac{S_F(x)}{\Gamma(x)} = \frac{B_0}{x-1} + \frac{B_1}{1!} + \frac{B_2}{2!}x + \frac{B_3}{3!}x(x+1) + \cdots\cdots$$
$$+ \frac{B_n}{n!}x(x+1)\cdots(x+n-3)(x+n-2)$$

これで$\zeta(x) = \dfrac{S_F(x)}{\Gamma(x)} + \dfrac{S_B(x)}{\Gamma(x)}$は、次のようになりました。

「$x > -n$」のとき

$$\zeta(x) = \frac{B_0}{x-1} + \frac{B_1}{1!} + \frac{B_2}{2!}x + \frac{B_3}{3!}x(x+1) + \cdots\cdots$$
$$+ \frac{B_n}{n!}x(x+1)\cdots(x+n-3)(x+n-2) + \frac{S_B(x)}{\Gamma(x)}$$

ここで「$x > -n$」ですが、nはどんな自然数でもよいことに注目です。

負の整数でのゼータの値

上記$\zeta(x)$の最後尾の$\dfrac{S_B(x)}{\Gamma(x)}$ですが、分子の$S_B(x)$は「$x > -n$」で収束するのに対して、分母の$\Gamma(x)$は$\Gamma(0)$、$\Gamma(-1)$、$\Gamma(-2)$、……では$\pm\infty$となっています。このため「$x=0$、$-1$、$-2$、……、$-n+1$」では、$\dfrac{S_B(x)}{\Gamma(x)} = 0$となって消え去ります。

「$x=0$、-1、-2、……、$-n+1$」のとき

$$\zeta(x)=\frac{B_0}{x-1}+\frac{B_1}{1!}+\frac{B_2}{2!}x+\frac{B_3}{3!}x(x+1)+\cdots\cdots$$

$$+\frac{B_n}{n!}x(x+1)\cdots(x+n-3)(x+n-2)$$

問　（上の式を用いて）次の値を求めましょう。

(1) $\zeta(0)$　　(2) $\zeta(-1)$　　(3) $\zeta(-2)$　　(4) $\zeta(-3)$

$$\left(B_0=1、B_1=\frac{1}{2}、B_2=\frac{1}{6}、B_3=0、B_4=-\frac{1}{30}\right)$$

(1) $\zeta(0)=\dfrac{B_0}{0-1}+\dfrac{B_1}{1!}=-1+\dfrac{1}{2}=\boxed{-\dfrac{1}{2}}$

(2) $\zeta(-1)=\dfrac{B_0}{-1-1}+\dfrac{B_1}{1!}+\dfrac{B_2}{2!}(-1)$

$=-\dfrac{1}{2}+\dfrac{1}{2}-\dfrac{1}{12}=\boxed{-\dfrac{1}{12}}$

(3) $\zeta(-2)=\dfrac{B_0}{-2-1}+\dfrac{B_1}{1!}+\dfrac{B_2}{2!}(-2)+\dfrac{B_3}{3!}(-2)(-1)$

$=-\dfrac{1}{3}+\dfrac{1}{2}-\dfrac{1}{6}+0=\boxed{0}$

(4) $\zeta(-3)=\dfrac{B_0}{-3-1}+\dfrac{B_1}{1!}+\dfrac{B_2}{2!}(-3)+\dfrac{B_3}{3!}(-3)(-2)$

$$+\frac{B_4}{4!}(-3)(-2)(-1)$$

$$=-\frac{1}{4}+\frac{1}{2}-\frac{1}{4}+0+\frac{1}{120}=\boxed{\frac{1}{120}}$$

これらの結果を比喩的に、拡張前のべき級数に“　”をつけて表すと、次のようになります。

$$\zeta(0)=-\frac{1}{2} \quad \Rightarrow \quad \text{“}1+1+1+1+\cdots\cdots\text{”}=-\frac{1}{2}$$

$$\zeta(-1)=-\frac{1}{12} \quad \Rightarrow \quad \text{“}1+2+3+4+\cdots\cdots\text{”}=-\frac{1}{12}$$

$$\zeta(-2)=0 \quad \Rightarrow \quad \text{“}1^2+2^2+3^2+4^2+\cdots\cdots\text{”}=0$$

$$\zeta(-3)=\frac{1}{120} \quad \Rightarrow \quad \text{“}1^3+2^3+3^3+4^3+\cdots\cdots\text{”}=\frac{1}{120}$$

$-k=0$、-1、-2、-3の続きの$\zeta(-k)$ $(-n+1\leq -k\leq -4)$の値は、まとめて計算することにしましょう。

問　$-n+1\leq -k\leq -4$（nは自然数）のとき、$\zeta(-k)$の値を求めましょう。

$B_{2m+1}=0$ $(m\geq 1)$なので、B_{2m+1}を含む項の「＋」「－」はどちらでもよく、つまりは全部「－」にできます。また$B_1=\frac{1}{2}$は

$-B_1^* = -\left(-\dfrac{1}{2}\right) = \dfrac{1}{2}$ とします。

$$\zeta(-k) = \frac{B_0}{-k-1} + \frac{B_1}{1!} + \frac{B_2}{2!}(-k) + \frac{B_3}{3!}(-k)(-k+1) + \cdots$$
$$\cdots + \frac{B_{k+1}}{(k+1)!}(-k)(-k+1)\cdots(-k+k-1)$$

$$= -\frac{B_0}{k+1} - \frac{B_1^*}{1!} - \frac{B_2}{2!}k - \frac{B_3}{3!}k(k-1) - \cdots$$
$$\cdots - \frac{B_{k+1}}{(k+1)!}k(k-1)\cdots 1$$

$$= -\frac{1}{k+1}\left[B_0 + \frac{(k+1)}{1!}B_1^* + \frac{(k+1)k}{2!}B_2 + \frac{(k+1)k(k-1)}{3!}B_3 + \cdots + \frac{(k+1)k(k-1)\cdots 2}{k!}B_k\right]$$
$$-\frac{B_{k+1}}{k+1}$$

ここで用いるのがp.62の（kを$k+1$とした）次の式です。

$$0 = \binom{k+1}{0}B_0 + \binom{k+1}{1}B_1^* + \binom{k+1}{2}B_2 + \cdots + \binom{k+1}{k}B_k$$

上の式の［　］の中は0となり、$\zeta(-k) = -\dfrac{B_{k+1}}{k+1}$ となります。

それでは、これまでの結果をまとめましょう。

$-k$が負の偶数のとき、つまり$-k=-2m\ (m\geq 1)$のときは、

$B_{2m+1}=0$なので、$\zeta(-2m)=-\dfrac{B_{2m+1}}{2m+1}=0$です。

$-k$が負の奇数のとき、つまり$-k=-2m+1\ (m\geq 1)$のときは、

$\zeta(-2m+1)=\zeta(-(2m-1))=-\dfrac{B_{(2m-1)+1}}{(2m-1)+1}=-\dfrac{B_{2m}}{2m}$です。

《 0と負の整数でのゼータの値 》（mは正の整数）

$$\zeta(0)=-\frac{1}{2}$$

$$\zeta(-2m)=0 \quad , \quad \zeta(-2m+1)=-\frac{B_{2m}}{2m}$$

これらも比喩的に“　”をつけて表すと、次の通りです。

$$\zeta(0)=-\frac{1}{2} \quad \Rightarrow \quad \text{“}\ 1+1+1+\cdots\cdots\ \text{”}=-\frac{1}{2}$$

$$\zeta(-2m)=0 \quad \Rightarrow \quad \text{“}\ 1^{2m}+2^{2m}+3^{2m}+\ \cdots\cdots\ \text{”}=0$$

$$\zeta(-2m+1)=-\frac{B_{2m}}{2m}$$

$$\Rightarrow \quad \text{“}\ 1^{2m-1}+2^{2m-1}+3^{2m-1}+\ \cdots\cdots\ \text{”}=-\frac{B_{2m}}{2m}$$

$$\text{“}\ 1+1+1+\ \cdots\cdots\ \text{”}=-\frac{1}{2}$$

$$\text{“}\ 1^{2m}+2^{2m}+3^{2m}+\ \cdots\cdots\ \text{”}=0$$

$$\text{“}\ 1^{2m-1}+2^{2m-1}+3^{2m-1}+\ \cdots\cdots\ \text{”}=-\frac{B_{2m}}{2m}$$

（mは正の整数）

Column

07 ガンマ関数と三角関数

ガンマ関数$\Gamma(x)$と三角関数$\sin x$の間には、じつは次のような関係があります。

$$\Gamma(x)\,\Gamma(1-x)=\frac{\pi}{\sin \pi x}$$

上の式ですが、(厳密な証明は別として、成り立つだろうとの)おおよその見当はつきます。

まず、$x=0$、-1、-2、-3、……では$\Gamma(x)$は$\pm\infty$となっているので、$\dfrac{1}{\Gamma(x)}=0$です。

また、$1-x=0$、-1、-2、……つまり$x=1$、2、3、……でも、同様に$\dfrac{1}{\Gamma(1-x)}=0$です。

こうなると$\dfrac{1}{\Gamma(x)\Gamma(1-x)}$は、$x=0$、$\pm1$、$\pm2$、$\pm3$、……という零点をもちます。どこかで見たような流れになってきましたね。つまり、次のようになると思われます(aは定数)。

$$\frac{1}{\Gamma(x)\Gamma(1-x)}=a\times x\left(1-\frac{x^2}{1^2}\right)\left(1-\frac{x^2}{2^2}\right)\left(1-\frac{x^2}{3^2}\right)\cdots\cdots$$

他方、(p.153で見たように)次の通りです。

$$\sin \pi x = \pi x \left(1 - \frac{x^2}{1^2}\right)\left(1 - \frac{x^2}{2^2}\right)\left(1 - \frac{x^2}{3^2}\right) \cdots\cdots$$

これらから、次のようになります。

$$\frac{1}{\Gamma(x)\Gamma(1-x)} = a \times \frac{\sin \pi x}{\pi} \qquad \cdots\cdots ①$$

ここで$x = \dfrac{1}{2}$と置くと

$$\frac{1}{\Gamma\left(\frac{1}{2}\right)\Gamma\left(\frac{1}{2}\right)} = a \times \frac{\sin\frac{\pi}{2}}{\pi}$$

となりますが、p.174の$\Gamma\left(\dfrac{1}{2}\right) = \sqrt{\pi}$から

$$\frac{1}{\sqrt{\pi}\sqrt{\pi}} = a \times \frac{1}{\pi}$$

となり、$a = 1$です。

これを代入すると、①は次のようになります。

$$\frac{1}{\Gamma(x)\Gamma(1-x)} = \frac{\sin \pi x}{\pi}$$

$$\Gamma(x)\Gamma(1-x) = \frac{\pi}{\sin \pi x}$$

— MEMO —

8章

mod
ガウスの時計算で見る「べき乗和」

8章

ガウスの時計算で見る「べき乗和」

― mod ―

「べき乗和」の公式が求められてしまって、もう何もすることがないと残念がっていませんか。それでは「べき乗和」の数列 $S_k(n)$（$n=1$、2、3、…）の各項を、素数 p で割った「余り」に着目してみましょう。さて、どんなことが出てくるでしょうか。

mod ｜ 循環小数

「小～数は続くよ～♪　どこまでも～♪」

$$\frac{22}{7}=3.\underline{142857}\ \underline{142857}\ \underline{142857}\ \underline{142857}\ \underline{142857}\cdots\cdots$$

分数 $\frac{22}{7}$ は円周率 π に近いですね。でも π とちがって、「142857」が延々と循環しています（線路だって、海に突き当たったら、向きを変えて陸地をぐるぐる回れば続きますよね）。

そうなる理由は簡単です。$22\div7$ を計算していくと、（割り切れずに）次々に「余り」が出てきます。でも7で割った余りの可能性は、「1、2、3、4、5、6」しかないのです（余り「0」なら割り切れます）。同じ余りが出てきたら、そこから先は同じ割り算となってきて、循環するというわけです。

それでは$22 \div 7$を見てみましょう。

22を7で割った余りは1ですが、これを

$$22 \equiv 1 \pmod{7}$$

と記します。「≡」は合同の記号で、modの後ろの数で割ったとき、「左辺と右辺の余りが等しい」ことを表します。つまり「(左辺)−(右辺)が割り切れる」のです。modはmodulo(法)の略です。

このとき、右辺は余りである必要はありません。例えば$-22 \equiv -1 \pmod{7}$です。もちろん「$-22 \div 7 = (-3)$余り(-1)」ではなく、「$-22 \div 7 = (-4)$余り6」です。22円の借金を7人で分けると、1人4円の借金となり6円余るのです。$-22 \equiv -1 \pmod{7}$の「−1」から余りの「6」を出したいなら、「−1」にmod 7の7をたします。$-1+7=6$と、余りの「6」が出てきます。

$22 \div 7$に戻りましょう。余りを10倍して(筆算では、上から0を下ろしてきて)割り算を続けると、次のようになります。

$22 \div 7 = 3$ 「余り1」 ⇒ $22 \equiv \boxed{1} \pmod{7}$

↓

$10 \div 7 = 1$ 「余り3」 ⇒ $10 \equiv 3 \pmod{7}$

↓

$30 \div 7 = 4$ 「余り2」 ⇒ $30 \equiv 2 \pmod{7}$

↓

$20 \div 7 = 2$ 「余り6」 ⇒ $20 \equiv 6 \pmod{7}$

$60 \div 7 = 8$ 「余り 4」 ⇒ $60 \equiv 4 \pmod 7$

$40 \div 7 = 5$ 「余り 5」 ⇒ $40 \equiv 5 \pmod 7$

$50 \div 7 = 7$ 「余り 1」 ⇒ $50 \equiv \boxed{1} \pmod 7$

同じ余り「1」が出てきたので、ここから先は同じ割り算となり、循環していくというわけです。

mod ｜ 素数を法とした「定理」

2章では、「べき乗和」$S_k(n)$ を見てきました。

$$S_k(n) = 1^k + 2^k + 3^k + \cdots\cdots + n^k$$

nが大きくなるにつれて、$S_k(n)$ は手に負えないほど大きくなっていきます。

$$S_k(1)、S_k(2)、S_k(3)、S_k(4)、S_k(5)、\cdots\cdots$$

そこで着目するのが「余り」です。

$$S_k(1)、S_k(2)、S_k(3)、S_k(4)、S_k(5)、\cdots\cdots \pmod p$$

$S_k(n) \pmod p$ は、ここではpで割ったときの「余り」を指すことにします。余りなら、$S_k(n)$ がどんな大きな数になっても、その可能性は限られています。ただし同じ余りが出てきても、その先どうなるかは不明です。

ここでは、割る数pは素数に限定します。素数で割った余りは、いろいろなことが分かっていて、とても扱いやすいのです。

素数を法としたときの定理には、以下のようなものがあります。

《 フェルマーの小定理 》

pが素数のとき、

$$a \not\equiv 0 \pmod{p} \quad \text{ならば} \quad a^{p-1} \equiv 1 \pmod{p}$$

例えば$p=5$では、(5で割り切れない)1、2、3、4はどれも($p-1=$)4乗すると、「5で割った余り」が1になります。

$$1^1 \equiv 1、1^2 \equiv 1、1^3 \equiv 1、1^4 \equiv 1 \pmod{5}$$

$$2^1 \equiv 2、2^2 \equiv 4、2^3 \equiv 3、2^4 \equiv 1 \pmod{5}$$

$$3^1 \equiv 3、3^2 \equiv 4、3^3 \equiv 2、3^4 \equiv 1 \pmod{5}$$

$$4^1 \equiv 4、4^2 \equiv 1、4^3 \equiv 4、4^4 \equiv 1 \pmod{5}$$

《 ウィルソンの定理 》

pが1より大きな整数のとき

$$p\text{が素数} \iff (p-1)! \equiv -1 \pmod{p}$$

「！」(階乗)は、階段のような乗法です(階段は、必ず1段ずつ下ります)。例えば$5!=5\cdot4\cdot3\cdot2\cdot1=120$です。

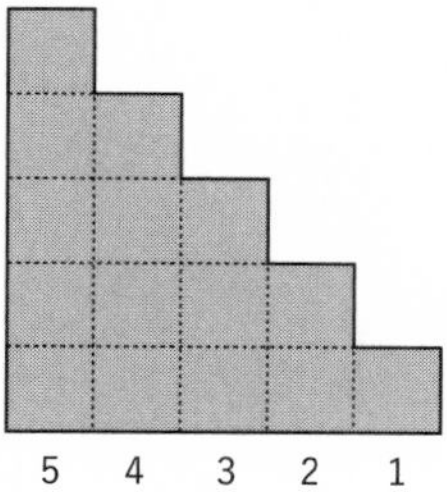

素数3、5では、次の通りです。

$2\cdot1\equiv-1 \pmod 3$ ← $2\cdot1+1$は3で割り切れる

$4\cdot3\cdot2\cdot1\equiv-1 \pmod 5$ ← $4\cdot3\cdot2\cdot1+1$は5で割り切れる

《 逆元 (逆数) の存在 》

pが素数のとき、$a\not\equiv0 \pmod p$に対して

$ab\equiv1 \pmod p$となる(aの逆元)bが存在する

例えば$p=5$では、次の通りです。

$a\equiv1$に対して$b\equiv1$とすると、$1\cdot1\equiv1 \pmod 5$

$a\equiv2$に対して$b\equiv3$とすると、$2\cdot3\equiv1 \pmod 5$

$a\equiv3$に対して$b\equiv2$とすると、$3\cdot2\equiv1 \pmod 5$

$a\equiv4$に対して$b\equiv4$とすると、$4\cdot4\equiv1 \pmod 5$

《 原始根（生成元）の存在 》

pが素数のとき、（順不同で）次が成り立つaが存在する。

$$1、2、\cdots\cdots、p-1 \equiv a^0\,(a^{p-1})、a^1、a^2、\cdots\cdots、a^{p-2} \pmod p$$

例えば、次のように見つかります。

$$1 \equiv 2^0、2 \equiv 2^1 \pmod 3$$

$$1 \equiv 3^0、2 \equiv 3^2、3 \equiv 3^1、4 \equiv 3^4、5 \equiv 3^5、6 \equiv 3^3 \pmod 7$$

ちなみに、このとき見つかるaは1つとは限りません。

$$1 \equiv 2^0、2 \equiv 2^1、3 \equiv 2^3、4 \equiv 2^2 \pmod 5$$

$$1 \equiv 3^0、2 \equiv 3^3、3 \equiv 3^1、4 \equiv 3^2 \pmod 5$$

mod ｜ mod 3で見る「べき乗和」

mod 3での「べき乗和」を見ていきましょう。

$$S_k(1)、S_k(2)、S_k(3)、S_k(4)、S_k(5)、\cdots\cdots \pmod 3$$

$$S_k(n) = 1^k + 2^k + 3^k + \cdots\cdots + n^k$$

【 $k=1$ 】　$S_1(n)=1^1+2^1+3^1+\cdots\cdots+n^1$

問　mod 3での$S_1(n)$　($n=1$、2、3、……)は周期的となることを見てみましょう。また周期を求めましょう。

ここでは$S_1(n)$を$S(n)$と略すことにします。

$$S(1)=1\equiv 1 \pmod 3$$
$$S(2)=S(1)+2\equiv 1+2\equiv 0 \pmod 3$$
$$S(3)=S(2)+3\equiv 0+0\equiv 0 \pmod 3$$
$$S(4)=S(3)+4\equiv 0+1\equiv 1\,[\equiv S(1)] \pmod 3$$
$$S(5)=S(4)+5\equiv 1+2\,[\equiv S(2)]\equiv 0 \pmod 3$$
$$S(6)=S(5)+6\equiv 0+0\,[\equiv S(3)]\equiv 0 \pmod 3$$

ここまで具体的に見てきましたが、たしていく数1、2、3、4、5、6、……は、mod 3で1、2、0、1、2、0、……と3個ずつ周期的になっています。

もちろん、たしていく数が3個ずつ周期的でも、その和も3個ずつ周期的になるとは限りません。注目すべきは「$S(1)\ S(2)\ S(3)$」が「100」と、2番目の$S(2)$が「$\equiv 0$」となったことです。ちなみに3番目の$S(3)$は2番目の$S(2)$に$3\equiv 0$をたすので、$S(2)$と同じ「$\equiv 0$」になります。この「00」までの3個で（これまでのたし算が）ゼロクリアされた上に、たしていく数は1、2、0、1、2、0、……と3個ずつ周期的なのです。このため、たしていった和も3個ずつ周期的となり、周期は「100」（の3個）となります。

【 $k=2$ 】 $S_2(n)=1^2+2^2+3^2+\cdots\cdots+n^2$

問 mod 3での$S_2(n)$ （$n=1$、2、3、……）は周期的となることを見てみましょう。また周期を求めましょう。

ここでは$S_2(n)$を$S(n)$と略すことにします。

まず、1^2、2^2、3^2、4^2、5^2、6^2、……は、mod 3で1、1、0、1、1、0、……となっています。たしていく数は3個ずつ周期的で、n^2のnが3の倍数のときは0、それ以外は（フェルマーの小定理から）1です。

$$S(1)=1^2\equiv 1 \pmod 3$$
$$S(2)=S(1)+2^2\equiv 1+1\equiv 2 \pmod 3$$
$$S(3)=S(2)+3^2\equiv 2+0\equiv 2 \pmod 3$$

見ての通り「$S(1)\,S(2)\,S(3)$」は「122」と、（「00」ではなく）「22」なので、（これまでのたし算は）まだゼロクリアされません。続けて見ていくと、次のようになります（この先、左側と右側を対応させて記すことにします）。

$S(1)$	$S(2)$	$S(3)$		1	2	2
$S(4)$	$S(5)$	$S(6)$		0	1	1
$S(7)$	$S(8)$	$S(9)$		2	0	0

「122011200」と「00」が出たので、9個で（これまでのたし算が）ゼロクリアされた上に、たしていく数は1、1、0、1、1、0、……と3個ずつ周期的です。もちろん9個ずつでも周期的で、このためmod 3で$S_2(n)$（$n=1$、2、3、……）は周期的となり、周期は「122011200」（の$3^2=9$個）となります。

この9個という周期の長さは、次のようにしても出てきます。

たしていく数はmod 3で、原則「1」で、3の倍数のときだけ「0」です。このため和$S_2(n)$は、それまでの個数から3の倍数の個数を引いたものになります。それが「$\equiv 0$」つまり3の倍数（$3m$）となるのは、

$$n-\frac{n}{3}=3m$$
$$3n-n=9m$$
$$2n=9m$$

これをみたす最小のnは、$n=9$です。

ちなみに$S(9)$だけでなく、$S(8)$も「$\equiv 0$」となります。$S(9)$が「$\equiv 0$」なら、$9^2\equiv 0$をたす前の$S(8)$も「$\equiv 0$」なのです。上の式は、場合分けを省略して、$\frac{n}{3}$が整数つまりnが3の倍数の場合を調べたものです。

【 $k=3$ 】 $S_3(n)=1^3+2^3+3^3+\cdots\cdots+n^3$

これは改めてやる必要はありません。2乗の1^2、2^2、3^2、4^2、5^2、6^2、……は、mod 3で1、1、0、1、1、0、……だったのです。2乗の段階で1となったら、3乗は1乗に戻ります。$n^3=n^2n^1\equiv n^1$ (mod 3) です。たしていく数1^3、2^3、3^3、4^3、5^3、6^3、……は、mod 3で1乗と同じ1、2、0、1、2、0、……となり、その和も1乗の場合と同じになります。

【 $k=4$ 】 $S_4(n)=1^4+2^4+3^4+\cdots\cdots+n^4$

これも改めてやる必要はありません。たしていく数1^4、2^4、3^4、4^4、5^4、6^4、……は、mod 3で2乗と同じ1、1、0、1、1、0、……となり、その和も2乗の場合と同じになります。

《 mod 3での「べき乗和」 》 $S_k(n)=1^k+2^k+\cdots+n^k$

mod 3での$S_k(n)$ ($n=1$、2、3、……) は周期的となり、

$k\equiv1$ (mod 2) のとき、周期は「100」(の3個)

$k\equiv0$ (mod 2) のとき、周期は「122011200」(の3^2個)

mod ｜ mod 5で見る「べき乗和」

mod 5での「べき乗和」を見ていきましょう。

$S_k(1)$、$S_k(2)$、$S_k(3)$、$S_k(4)$、$S_k(5)$、…… (mod 5)

$$S_k(n) = 1^k + 2^k + 3^k + \cdots\cdots + n^k$$

あらかじめ、たしていく数の1^k、2^k、3^k、4^k、5^k、……が、mod 5でどうなるのかを確認しておきます。

k乗するのは大変ですね。このとき便利なのが原始根（生成元）です（本当は、mod pのpがもっと大きいときに便利です）。

〈1乗〉　$1 \equiv 2^0$、$2 \equiv 2^1$、$3 \equiv 2^3$、$4 \equiv 2^2 \pmod 5$

例えば〈2乗〉の3^2を求めたいとします。

〈2乗〉　$1^2 \equiv 2^0$、$2^2 \equiv 2^2$、$3^2 \equiv 2^2$、$4^2 \equiv 2^0 \pmod 5$

このときは、〈1乗〉の$3 \equiv 2^3$の両辺を2乗します。するとフェルマーの小定理により$2^4 \equiv 1$なので$3^2 \equiv (2^3)^2 = 2^6 = 2^4 \cdot 2^2 \equiv 1 \cdot 2^2 = 2^2$となり、$3^2 \equiv 2^2$と出てきます。

同様に〈1乗〉を何乗かして求めると、次のようになります。

〈3乗〉　$1^3 \equiv 2^0$、$2^3 \equiv 2^3$、$3^3 \equiv 2^1$、$4^3 \equiv 2^2 \pmod 5$

〈4乗〉　$1^4 \equiv 2^0$、$2^4 \equiv 2^0$、$3^4 \equiv 2^0$、$4^4 \equiv 2^0 \pmod 5$

ここで〈1乗〉を見て、元の数に戻すと次の通りです。

〈1乗〉　$1\equiv 1$、$2\equiv 2$、$3\equiv 3$、$4\equiv 4$ $\pmod 5$

〈2乗〉　$1^2\equiv 1$、$2^2\equiv 4$、$3^2\equiv 4$、$4^2\equiv 1$ $\pmod 5$

〈3乗〉　$1^3\equiv 1$、$2^3\equiv 3$、$3^3\equiv 2$、$4^3\equiv 4$ $\pmod 5$

〈4乗〉　$1^4\equiv 1$、$2^4\equiv 1$、$3^4\equiv 1$、$4^4\equiv 1$ $\pmod 5$

4乗で1となるので、5乗は1乗に戻ります。つまり、見ていくのは4乗までで十分です。

問　mod 5で次が周期的となることを確認し、周期を求めましょう。

(1) $S_1(n)$　($n=1$、2、3、……)

(2) $S_2(n)$　($n=1$、2、3、……)

(3) $S_3(n)$　($n=1$、2、3、……)

(4) $S_4(n)$　($n=1$、2、3、……)

【$k=1$】　$S_1(n)=1^1+2^1+3^1+\cdots\cdots+n^1$

〈1乗〉　$1\equiv 1$、$2\equiv 2$、$3\equiv 3$、$4\equiv 4$ $\pmod 5$

$S_1(n)$ ($n=1$、2、3、…) は上を見ながら、mod 5でたし算し

ていきます。上では省略しましたが、$5 \equiv 0 \pmod 5$ です。

$$S_1(1)\ S_1(2)\ S_1(3)\ S_1(4)\ S_1(5) \qquad 1 \quad 3 \quad 1 \quad 0 \quad 0$$

「13100」と「00」が出たので、5個で（たし算が）ゼロクリアされ、たしていく数も5個ずつ周期的です。mod 5での $S_1(n)$（n＝1、2、3、…）は周期的となり、周期は「13100」（の5個）です。

(2)【 $k=2$ 】 $S_2(n)=1^2+2^2+3^2+\cdots\cdots+n^2$

〈2乗〉 $1^2 \equiv 1$、$2^2 \equiv 4$、$3^2 \equiv 4$、$4^2 \equiv 1 \pmod 5$

$S_2(n)$（n＝1、2、3、…）は上を見ながら、mod 5でたし算していきます。上では省略しましたが、$5^2 \equiv 0 \pmod 5$ です。

$$S_2(1)\ S_2(2)\ S_2(3)\ S_2(4)\ S_2(5) \qquad 1 \quad 0 \quad 4 \quad 0 \quad 0$$

(1)と同様の理由で、mod 5での $S_2(n)$（n＝1、2、3、……）は周期的となり、周期は「10400」（の5個）です。

(3)【 $k=3$ 】 $S_3(n)=1^3+2^3+3^3+\cdots\cdots+n^3$

〈3乗〉 $1^3 \equiv 1$、$2^3 \equiv 3$、$3^3 \equiv 2$、$4^3 \equiv 4 \pmod 5$

$S_3(n)$（n＝1、2、3、…）は上を見ながら、mod 5でたし算していきます。上では省略しましたが、$5^3 \equiv 0 \pmod 5$ です。

$S_3(1)$ $S_3(2)$ $S_3(3)$ $S_3(4)$ $S_3(5)$　　1　4　1　0　0

(1)と同様の理由で、mod 5での$S_3(n)$（$n=1$、2、3、…）は周期的となり、周期は「14100」（の5個）です。

(4)【 $k=4$ 】　$S_4(n)=1^4+2^4+3^4+\cdots\cdots+n^4$

〈4乗〉　$1^4\equiv1$、$2^4\equiv1$、$3^4\equiv1$、$4^4\equiv1$　(mod 5)

これは$S_4(n)$が（原則）個数となるパターンです。

$$n-\frac{n}{5}=5m$$
$$5n-n=25m$$
$$4n=25m$$

最小なのは$n=25$で、（$5^2=$）25個までを見ていきます。

$S_4(1)$	$S_4(2)$	$S_4(3)$	$S_4(4)$	$S_4(5)$	1　2　3　4　4
$S_4(6)$	$S_4(7)$	$S_4(8)$	$S_4(9)$	$S_4(10)$	0　1　2　3　3
$S_4(11)$	$S_4(12)$	$S_4(13)$	$S_4(14)$	$S_4(15)$	4　0　1　2　2
$S_4(16)$	$S_4(17)$	$S_4(18)$	$S_4(19)$	$S_4(20)$	3　4　0　1　1
$S_4(21)$	$S_4(22)$	$S_4(23)$	$S_4(24)$	$S_4(25)$	2　3　4　0　0

「1234401233401223401123400」と25個で「00」が出ました。たしていく数は5個ずつ周期的で、もちろん25個ずつでも周期

的です。このためmod 5での$S_4(n)$ ($n=1$、2、3、……) は周期的となり、周期は上記の$5^2=25$個です。

《 mod 5での「べき乗和」》 $S_k(n)=1^k+2^k+\cdots+n^k$

mod 5での$S_k(n)$ ($n=1$、2、3、……) は周期的で、

$k\equiv 1 \pmod 4$ のとき、周期は「13100」(の5個)

$k\equiv 2 \pmod 4$ のとき、周期は「10400」(の5個)

$k\equiv 3 \pmod 4$ のとき、周期は「14100」(の5個)

$k\equiv 0 \pmod 4$ のとき、周期は (5^2個の)

「1234401233401223401123400」

mod | $k\equiv 0 \pmod{p-1}$ の「k乗和」の周期

同じように見ていくと、mod 7での「べき乗和」$S_k(1)$、$S_k(2)$、$S_k(3)$、$S_k(4)$、$S_k(5)$、……は周期的となっていて、周期は次の通りです。

$k\equiv 1 \pmod 6$ のとき、周期は「1363100」(の7個)

$k\equiv 2 \pmod 6$ のとき、周期は「1502600」(の7個)

$k\equiv 3 \pmod 6$ のとき、周期は「1212100」(の7個)

$k\equiv 4 \pmod 6$ のとき、周期は「1304600」(の7個)

$k\equiv 5 \pmod 6$ のとき、周期は「1535100」(の7個)

$k\equiv 0 \pmod 6$ のとき、(長さ$7^2=49$) の周期は次の通り

1	2	3	4	5	6	6
0	1	2	3	4	5	5
6	0	1	2	3	4	4
5	6	0	1	2	3	3
4	5	6	0	1	2	2
3	4	5	6	0	1	1
2	3	4	5	6	0	0

ここで、mod 7での「k乗和」の各周期をじっくり観察することにしましょう($k \equiv 0$のときも、実際は1行に並んでいます)。

まずは$k \equiv 0$ (mod 6) のときの、長さ$7^2 = 49$の周期を見てみます。最後の「00」を除いて並べると、次の通りです。

(青矢印は、1行に並べたとき、中央で対称な位置を示しています。)

1	2	3	4	5	6	6
0	1	2	3	4	5	5
6	0	1	2	3	4	4
	5	6	0	1	2	
3	3	4	5	6	0	1
2	2	3	4	5	6	0
1	1	2	3	4	5	6

問 mod 7での「k乗和」の周期は、

$k\equiv 0$ (mod 6) のとき、p.209上の通りです。

このとき、次のようになる理由を考えてみましょう。

(1) 「00」を除いた中央が「0」

(2) 中央「0」で対称な位置の数をたすと「7」

あらかじめ「00」を含めた周期を、p.209上のように(mod 7の場合は)7個ずつ並べておきます。i行j列はこの表でのものです。

まずi行目の先頭であるi行**1**列目の数は、mod 7で$(2-i)$と合同です。さらに$j\neq 7$のi行j列目の数は、mod 7で$(2-i)+(j-1)$と合同です。$j=7$のi行**7**列目の数は、i行**6**列目の数と同一です。

(1)「00」を除いた中央は、行は7行の中央「4行目」にあり、列は$7-2=5$個の中央「3列目」にあります。

中央「4行3列目」の数は、mod 7で$(2-4)+(3-1)$と合同、つまり「0」となります。

(2)(「0」より前の)i行j列目と「0」で対称な位置は、原則として$(7-i+1)$行$(7-2-j+1)$列目、つまり$(8-i)$行$(6-j)$列目です。

ただし$j=6$のときは、1行上の$(7-i)$行7列目です。$j=7$のときは同じく1行上の$(7-i)$行6列目になります。

それでは順に見ていきます。

まずi行j列目（$j \neq 6$、7）の数は、mod 7で$(2-i)+(j-1)$と合同、それと対称な$(8-i)$行$(6-j)$列目の数は、mod 7で$(2-8+i)+(6-j-1)$と合同です。これらの和は次の通り「≡0」となり、たすと「7」となります。

$$
\begin{aligned}
&\{(2-\cancel{i})+(\cancel{j}-1)\}+\{(2-8+\cancel{i})+(6-\cancel{j}-1)\}\\
&=\{2-1\}+\{(2-8)+(6-1)\}\\
&\equiv 1+\{-6+5\}\equiv 0 \pmod 7
\end{aligned}
$$

またi行6列目の数は、mod 7で$(2-i)+(6-1)$と合同、それと対称な$(7-i)$行7列目の数は$(7-i)$行6列目の数と同一で、mod 7で$(2-7+i)+(6-1)$と合同です。これらの和は次の通り「≡0」となり、たすと「7」となります。

$$
\begin{aligned}
&\{(2-\cancel{i})+(6-1)\}+\{(2-7+\cancel{i})+(6-1)\}\\
&\equiv 7+\{-\cancel{5}+\cancel{5}\}\equiv 0 \pmod 7
\end{aligned}
$$

最後にi行7列目の数はi行6列目の数と同一で、しかもそれと対称な$(7-i)$行6列目の数は$(7-i)$行7列目の数と同一です。このため上の場合と同じになってきます。

いずれの場合も、中央「0」で対称な位置の数をたすと「7」となります。

mod | $k\equiv$奇数 (mod $p-1$) の「k乗和」の周期

$k\equiv 0$ (mod 6) のときの周期を見てきました。0は偶数なので、順序としては$k\equiv$偶数 (mod 6) へと進みたいところです。でも、より簡単な〈奇数乗〉の周期を先に見てみましょう。

問 奇数乗のとき、「k乗和」の(「00」を除いた) 周期に、対称性が見られます。そうなる理由を考えてみましょう。

$k\equiv 1$ (mod 6) のとき「1363100」

$k\equiv 3$ (mod 6) のとき「1212100」

$k\equiv 5$ (mod 6) のとき「1535100」

マイナスは、奇数乗するとマイナスになることがポイントです。そこで「1、2、3、4、5、6、7」を、(mod 7で) あらかじめマイナスを用いて表しておきます。

1、2、3、4、5、6、$7\equiv 1$、2、3、-3、-2、-1、0

例えば〈5乗〉では、次のようになります。

$$1^5、2^5、3^5、4^5、5^5、6^5、7^5$$
$$\equiv 1^5、2^5、3^5、-3^5、-2^5、-1^5、0^5$$

$S_5(n)$ を $S(n)$ と略すと、(mod 7で) 次のようになります。

$$S(1) \equiv 1^5$$
$$S(2) \equiv 1^5 + 2^5$$
$$S(3) \equiv 1^5 + 2^5 + 3^5$$
$$S(4) \equiv 1^5 + 2^5 + 3^5 + (-3^5) = 1^5 + 2^5 \equiv S(2)$$
$$S(5) \equiv 1^5 + 2^5 + 3^5 + (-3^5) + (-2^5) = 1^5 \equiv S(1)$$

$S(3)$ で対称的になってきますね。続きは次の通りです。

$$S(6) \equiv 1^5 + 2^5 + 3^5 + (-3^5) + (-2^5) + (-1^5) = 0$$
$$S(7) \equiv S(6) + 0^5 \equiv 0 + 0 = 0$$

mod 7 を mod p にしても、「奇数乗のとき、「$S(p-1)\,S(p)$」が「00」となる」ことは同様にして分かります。

さて同じ奇数乗でも、〈1乗〉〈5乗〉と〈3乗〉では、違いが見られます。

まず〈1乗〉〈5乗〉は、(mod 7で) 次の通りです。

〈1乗〉　$1^1 \equiv 1$、$2^1 \equiv 2$、$3^1 \equiv 3$、$4^1 \equiv 4$、$5^1 \equiv 5$、$6^1 \equiv 6$

〈5乗〉　$1^5 \equiv 1$、$2^5 \equiv 4$、$3^5 \equiv 5$、$4^5 \equiv 2$、$5^5 \equiv 3$、$6^5 \equiv 6$

見ての通り、「1、2、3、4、5、6」が全部現れていますね。

これに対して〈3乗〉は、(mod 7で) 次の通りです。

〈3乗〉 $1^3 \equiv 1$、$2^3 \equiv 1$、$3^3 \equiv 6$、$4^3 \equiv 1$、$5^3 \equiv 6$、$6^3 \equiv 6$

見ての通り、「1、6」しか現れていません。しかも「1」も「6」も3個ずつです。

このことは、〈k乗〉のkが（mod pのとき）$p-1$と互いに素（共通の約数が1だけ）かどうかで決まります。

〈1乗〉〈5乗〉の1や5は、（mod 7の場合は$7-1=$）6と互いに素です。

〈3乗〉の3は、（mod 7の場合は$7-1=$）6と互いに素ではありません。（1以外の）共通の約数3をもちます。

ちなみに〈偶数乗〉の場合は、（$p=2$を除いて）$p-1$と互いに素ではありません。$p-1$（偶数）と（1以外の）共通の約数2をもちます。

問 〈3乗〉では、「1」も「6」も3個ずつ現れています。

(1) 3個ずつ現れるのは、なぜでしょうか。

(2) 「1」+「6」$\equiv 0$ (mod 7) となるのは、なぜでしょうか。

(1) このことは、原始根（生成元）の存在から説明がつきます。

mod pで、（順不同で）次が成り立つaが存在するのです。

$$1、2、\cdots\cdots、p-1 \equiv a^0\ (a^{p-1})、a^1、a^2、\cdots\cdots、a^{p-2}$$

原始根（生成元）aは、$(p-1)$乗してようやく「$\equiv 1$」となり、続

き は「$a^p\,(=a^{p-1}\cdot a^1)\equiv a^1$」、「$a^{p+1}\,(=a^{p-1}\cdot a^2)\equiv a^2$」、…と周期的になります。このため$a^m\equiv a^n \pmod p$となるのは、$m\equiv n \pmod{p-1}$のときです。

それではa^xとa^yが〈3乗〉してmod 7で合同になるのは、xとyがどのようなときでしょうか。

$$(a^x)^3\equiv(a^y)^3 \pmod 7$$

それは$a^{3x}\equiv a^{3y} \pmod 7$から

$$3x\equiv 3y \pmod 6$$

のときです。

ここで$3x-3y\equiv 0$つまり$3(x-y)$が6で割り切れるのは、$(x-y)$が2で割り切れるときです。

$$x\equiv y \pmod 2$$

結論として、「1、2、3、4、5、6」を〈3乗〉したとき、mod 7で合同になるのは、原始根（生成元）を用いて「$a^x\,(0\leq x<6)$」と表したとき、xがmod 2で合同のときです。つまり、xが偶数か奇数かで決まるのです。$0\leq x<6$つまり「0、1、2、3、4、5」の中に偶数と奇数は、それぞれ$6\div 2=3$個ずつあります。このため3個ずつ現れるのです（ちなみに0は偶数です）。

(2) まず$a^0+a^1+a^2+a^3+a^4+a^5\equiv 0 \pmod 7$です。

「$a^0\,(a^6)$、a^1、a^2、……、a^5」は順不同で「1、2、3、4、5、6」

と合同で、その和は$1+2+3+4+5+6=\frac{1}{2}\cdot 6\cdot 7$ですが、素数7は約分されず「$\equiv 0$」(mod 7)です。

次に「$a^0\,(a^6)$、a^1、a^2、……、a^5」($a^6\equiv 1$)を、「a^0、a^3」「a^1、a^4」「a^2、a^5」の3組に分けます。

「a^0、a^1、a^2、a^3、a^4、a^5」の〈3乗〉「a^0、a^3、a^6、a^9、a^{12}、a^{15}」は$a^6\equiv 1$より「a^0、a^3、a^0、a^3、a^0、a^3」と合同です。つまり「a^0、a^3」「a^1、a^4」「a^2、a^5」の〈3乗〉はどれも(順不同で)「a^0、a^3」と合同です。

いよいよ$a^0+a^3\equiv 0 \pmod 7$となることを見ていきます。

まず$A=a^0+a^3$と置きます。

$$
\begin{array}{rl}
A &= a^0+a^3\\
aA &= a^1+a^4\\
+)\quad a^2A &= a^2+a^5\\
\hline
(1+a+a^2)\,A &= a^0+a^1+a^2+a^3+a^4+a^5
\end{array}
$$

ここで$a^0+a^1+a^2+a^3+a^4+a^5\equiv 0 \pmod 7$より

$$(1+a+a^2)\,A\equiv 0 \pmod 7$$

両辺に$(1-a)$をかけると、

$$(1-a)(1+a+a^2)\,A\equiv 0 \pmod 7$$

$$(1-a^3)\,A\equiv 0 \pmod 7 \quad [1-a^6\equiv 0\text{の因数分解}]$$

ところがaは原始根(生成元)なので、aは6乗してようやく「$\equiv 1$」となります。3乗では「$\not\equiv 1$」、つまり$(1-a^3)\not\equiv 0$です。

上の式で $(1-a^3)\,A$ が7で割り切れるのは、$(1-a^3)$ ではなく、A が7で割り切れるからです。

$$A\equiv 0 \pmod 7$$

これで $a^0+a^3\equiv 0$ と分かりました。$a^0\equiv$「1」、$a^3\equiv -a^0\equiv -1$ $\equiv$「6」で、「1」+「6」$\equiv 0 \pmod 7$ です。

mod ｜ $k\equiv$ 偶数 $(\mathrm{mod}\ p-1)$ の「k乗和」の周期

いよいよ今度は、難しい方の〈偶数乗〉の周期を見ていきましょう。0も偶数ですが、この場合はすでにp.210で見てきました。

さて、このままmod 7を例にして見ていってもよいのですが、じつはmod 7の場合は（偶然が重なり）一般性に欠けるのです。

そこでmod 13で、しかも〈偶数乗〉の中の〈8乗〉を例にして、これから見ていくことにします。

さて「奇数乗のとき、「$S(p-1)\,S(p)$」が「00」となる」ことは、p.213で確認しました。それでは偶数乗ではどうでしょうか。

問 mod 13での「k乗和」の周期は、$k\equiv 8 \pmod{12}$ のとき

「1、10、6、9、10、0、3、4、7、3、12、0、0」

（13個）です。「$S_8(12)\,S_8(13)$」が「00」となる理由を考えてみましょう。

まず〈8乗〉は、mod 13で次の通りです。

〈8乗〉 $1^8 \equiv 1$、$2^8 \equiv 9$、$3^8 \equiv 9$、 $4^8 \equiv 3$、 $5^8 \equiv 1$、 $6^8 \equiv 3$

$7^8 \equiv 3$、$8^8 \equiv 1$、$9^8 \equiv 3$、$10^8 \equiv 9$、$11^8 \equiv 9$、$12^8 \equiv 1$

見ての通り、「1、3、9」しか現れていません。しかも「1」、「3」、「9」は、どれも4個ずつです。

全部が現れないのは、〈偶数乗〉なので（mod 13の13－1＝）12と（1以外の）共通の約数2をもつからです。

4個ずつ現れるのも、$1+3+9 \equiv 0 \pmod{13}$となるのも、前問と同様です。ここでもう一度、ざっと振り返ってみましょう。

（13は素数なので、必ず存在する）原始根（生成元）をaとします。さてa^xとa^yが〈8乗〉すると合同になるのは、xとyがどのようなときでしょうか。

$$(a^x)^8 \equiv (a^y)^8 \pmod{13}$$

$$8x \equiv 8y \pmod{12}$$

$$2x \equiv 2y \pmod{3}$$

$$\left[\begin{array}{ll} 2(x-y) \equiv 0 & \pmod{3} \\ (x-y) \equiv 0 & \pmod{3} \end{array}\right]$$

$$x \equiv y \pmod{3}$$

これから、$12 \div 3 = 4$個ずつ同じ数が現れると分かります。

「a^0、a^4、a^8」「a^1、a^5、a^9」「a^2、a^6、a^{10}」「a^3、a^7、a^{11}」

($a^{12}\equiv 1$)は、〈8乗〉すると「a^0、$a^{32}\,(a^8)$、$a^{64}\,(a^4)$」「a^8、$a^{40}\,(a^4)$、$a^{72}\,(a^0)$」「$a^{16}\,(a^4)$、$a^{48}\,(a^0)$、$a^{80}\,(a^8)$」「$a^{24}\,(a^0)$、$a^{56}\,(a^8)$、$a^{88}\,(a^4)$」となり、どれも「a^0、a^4、a^8」と合同になります。

$A=a^0+a^4+a^8$と置きます。

$$
\begin{aligned}
A &= a^0+a^4+a^8\\
aA &= a^1+a^5+a^9\\
a^2A &= a^2+a^6+a^{10}\\
+)\quad a^3A &= a^3+a^7+a^{11}\\
\hline
(1+a+a^2+a^3)\,A &= a^0+a^1+a^2+a^3+a^4+a^5+a^6+a^7\\
&\quad +a^8+a^9+a^{10}+a^{11}
\end{aligned}
$$

$$(1+a+a^2+a^3)\,A\equiv 0 \pmod{13}$$

$$(1-a)\,(1+a+a^2+a^3)\,A\equiv 0 \pmod{13}$$

$$(1-a^4)\,A\equiv 0 \pmod{13}$$ ［$1-a^{12}\equiv 0$の因数分解］

ところがaは原始根（生成元）なので、$(1-a^4)\not\equiv 0$です。これより$A\equiv 0$つまり$a^0+a^4+a^8\equiv 0 \pmod{13}$と分かります。

それではいよいよ「$S_8(12)\,S_8(13)$」が「00」となる理由です。

まずは$S_8(12)$です。これは「1、2、3、……、12」の〈8乗〉の和で、並べかえると$A+A+A+A$と合同です。ところが$A\equiv 0$なので、$A+A+A+A\equiv 0 \pmod{13}$となり、$S_8(12)$は「$\equiv 0$」です。これに$13^8\equiv 0$をたした$S_8(13)$も「$\equiv 0$」となり、「$S_8(12)\,S_8(13)$」は「00」となります。

ここでmod 13をmod pにしても、〈8乗〉を（〈0乗〉を除いた）〈偶数乗〉にしても「偶数乗のとき、「$S(p-1)\,S(p)$」が「00」となる」ことは同様にして分かります。

問 mod 13での「k乗和」の周期は、$k \equiv 8 \pmod{12}$ のとき

「1、10、6、9、10、0、3、4、7、3、12、0、0」

です。このとき、次のようになる理由を考えてみましょう。

(1)「00」を除いた中央が「0」

(2) 上の中央「0」で対称な位置の数をたすと「13」

「1、10、6、9、10、0、3、4、7、3、12、0、0」

(1) マイナスは、偶数乗するとプラスになることがポイントです。

そこで「1、2、3、4、5、6、7、8、9、10、11、12、13」を、(mod 13で) あらかじめマイナスを用いて表しておきます。

$$
\begin{aligned}
&1、2、3、4、5、6、7、8、9、10、11、12、13 \\
\equiv\, &1、2、3、4、5、6、-6、-5、-4、-3、-2、-1、0
\end{aligned}
$$

このように表すと、〈8乗〉などの〈偶数乗〉では、（最後の0を除くと）中央で対称になっていることが分かります。

$$1^8、2^8、\cdots、5^8、6^8、(-6)^8、(-5)^8、\cdots、(-2)^8、(-1)^8$$

前半の和は、$S_8(6) \equiv 1^8 + 2^8 + 3^8 + 4^8 + 5^8 + 6^8$ です。

後半の和も、$(-6)^8 + (-5)^8 + (-4)^8 + (-3)^8 + (-2)^8 + (-1)^8 \equiv S_8(6)$ です。

ここで前問の「00」、つまり $S_8(12) \equiv 0$、$S_8(13) \equiv 0$ を用います。

上で見たように $S_8(12) \equiv S_8(6) + S_8(6) = 2S_8(6)$ なので、$S_8(12) \equiv 0$ から $2S_8(6) \equiv 0$ です。$2S_8(6)$ が13で割り切れることから、$S_8(6)$ が13で割り切れます。つまり $S_8(6) \equiv 0$ です。これは周期の13個から「00」の2個を除いた、$13 - 2 = 11$ 個の「中央」である6番目の $S_8(6)$ が「$\underline{\underline{0}}$」ということです。

(2) 中央「$\underline{\underline{0}}$」の前後を、例を取り上げて見てみます。ここでは $S_8(n)$ を $S(n)$ と略します。

中央は $S(6)$ で、$S(6) \equiv 0$ つまり $1^8 + 2^8 + 3^8 + 4^8 + 5^8 + 6^8 \equiv 0$ です。

$$S(4) = 1^8 + 2^8 + 3^8 + 4^8$$
$$S(5) = 1^8 + 2^8 + 3^8 + 4^8 + 5^8$$
$$S(6) = 1^8 + 2^8 + 3^8 + 4^8 + 5^8 + 6^8 \equiv 0$$
$$S(7) = S(6) + (-6)^8 \equiv 0 + 6^8 \equiv 6^8$$
$$S(8) = S(6) + (-6)^8 + (-5)^8 \equiv 0 + 6^8 + 5^8 \equiv 5^8 + 6^8$$

さて中央「0」で対称な位置の数をたすと、$S(5) + S(7)$ や $S(4) + S(8)$ となります。これらは次のようになっています。

$$S(5)+S(7)\equiv[1^8+2^8+3^8+4^8+5^8]+[6^8]\equiv 0$$

$$S(4)+S(8)\equiv[1^8+2^8+3^8+4^8]+[5^8+6^8]\equiv 0$$

mod 13で「$\equiv 0$」ですが、具体的には「13」となります。

これまでmod 13の場合を見てきました。一般の素数mod pの場合も、もちろん下記のmod 7の場合も、〈偶数乗〉では同様となってきます。

「$S(p-1)\,S(p)$」は「00」となります。また「00」を除いた中央は「0」で、中央「0」で対称な位置の数をたすと「p」となります。

$k\equiv 2 \pmod 6$のとき、周期は「1502600」

$k\equiv 4 \pmod 6$のとき、周期は「1304600」

（$k\equiv 0 \pmod 6$のときは、p.210に記しています。）

mod ｜ 周期の長さ

「べき乗和」$S_k(n)=1^k+2^k+\cdots\cdots+n^k$で

$$S_k(1)、S_k(2)、S_k(3)、S_k(4)、S_k(5)、\cdots\cdots \pmod p$$

の周期の長さは、$p=3$、5、7のときは次の通りでした。

$k\equiv 0 \pmod{p-1}$のとき、周期の長さ「p^2」

$k\not\equiv 0 \pmod{p-1}$のとき、周期の長さ「p」

$p=2$の場合はまだでしたね。このときは$p-1=1$のため、そもそも$k\not\equiv 0 \pmod 1$の場合はありません。いつでも$k\equiv 0 \pmod 1$となっています。

つまり〈k乗〉のkが何であろうと、1^k、2^k、3^k、4^k、5^k、6^k、……はmod 2で1、0、1、0、1、0、……となり、その和は

$S_k(1)$	$S_k(2)$	1	1
$S_k(3)$	$S_k(4)$	0	0

となっています。$p=2$の場合の周期は、長さ「2^2」の「1100」です。

さて問題は、一般の素数の場合の「周期の長さ」です。一般となると、実際に計算して確かめるわけにもいきません。

もっとも$k\equiv 0 \pmod{p-1}$のときは、周期の長さが「p^2」となるのは確かです。周期が具体的に分かるからです。

1	2		……………………	$p-1$	$p-1$
0	1	2	…………	$p-2$	$p-2$
……					
……					
……					
……				0	0

$k\not\equiv 0 \pmod{p-1}$のときは、奇数乗でも、偶数乗でも、「$S(p-1)\,S(p)$」は「00」となり、p個で（これまでのたし算が）

ゼロクリアされます。しかも、たしていく数はp個ずつ周期的なため、その先は「………… 00」(p個)が繰り返されます。

気になるのは、周期の長さが「p」より短くなる可能性はないのかということです。

問 $k \not\equiv 0 \pmod{p-1}$のとき、長さ「$p$」よりも短い段階で周期的となる可能性はないのでしょうか。

長さ「p」の「………… 00」は周期的となっています。

このとき「………… 00」が、「… 00 … 00 … 00」となる可能性を見てみます。

ここでは$S_k(n)=1^k+2^k+\ \cdots\ +n^k$を略して$S(n)$と記します。このとき「………… 00」の最後の「00」は、$S(p-1)\equiv 0$、$S(p)\equiv 0 \pmod{p}$です。

それ以前に「… 00 … 00 … 00」のように「00」が出てきたとして、$1<n \leq p-1$で$S(n-1)\equiv 0$、$S(n)\equiv 0 \pmod{p}$とします。

$$S(n-1)=1^k+2^k+\ \cdots\ +(n-1)^k\equiv 0 \pmod{p}$$
$$S(n)=S(n-1)+n^k\equiv 0+n^k\equiv n^k\equiv 0 \pmod{p}$$

ところが$n^k\equiv 0 \pmod{p}$はありえません。$1<n \leq p-1$なので、n^kが素数pで割り切れることはないのです。

つまり周期の長さが「p」より短い可能性はないということです。

《 mod p での「べき乗和」》 $S_k(n)=1^k+2^k+\cdots+n^k$

mod p での $S_k(n)$ ($n=1$、2、3、……) は周期的で、
周期はどれも「00」で終わる。

$k\equiv 0$ (mod $p-1$) のとき、周期はp.223の p^2 個
$k\not\equiv 0$ (mod $p-1$) のとき、周期の長さはどれも p

周期は、最後の「00」を除くと、次のような対称性がある。
k が奇数のとき、中央で対称な位置の数は同一
k が偶数のとき、中央「0」で対称な位置の数の和は p
（ただし $p=2$ の場合の周期は、p.223の通り）

Column

08 「フィボナッチ数列もどき」の10項和

合同（$A \equiv B \mod n$）の計算は、ガウスの時計算とも呼ばれています。10時から5時間たつと15時ですが、アナログ時計では12で割った「余り」の3時を指します。$15 \equiv 3 \pmod{12}$ です。

数学の王と呼ばれているガウスは、幼少の頃から計算が得意で、こんなエピソードが伝えられています。

ある日、学校の先生が「1から100までたし算する」という課題を出しました。これを子ども達に自習させている間に、先生にはしなければならない仕事があったのです。

ところが幼いガウスは、すぐさま答えを出してしまいました。

$$1+2+3+ \cdots\cdots +50+51+ \cdots\cdots +98+99+100$$

$$1+100=101$$

$$101 \times 50=5050$$

先生の驚いた顔が、目に浮かぶようですね。

それでは、こんな自習課題はいかがでしょうか。

好きな数2個からスタートします。例えば、1と1です。

1，1，□，□，□，□，□，□，□，□

残りの8個は、順に前の2つの数をたして求めていきます。

1，1，$\boxed{2}$，$\boxed{3}$，$\boxed{5}$，$\boxed{8}$，$\boxed{13}$，$\boxed{21}$，$\boxed{34}$，$\boxed{55}$

「1，1」から始めた場合は、フィボナッチ数列ですね。でも今回は、好きな2つの数から始めてよいのです。

全部求め終わったら、さらに「これら10個の数の合計を求める」というのが課題です。

$$1+1+2+3+5+8+13+21+34+55=\boxed{}$$

じつはこの問題、答えが合っているかどうか、簡単にチェックできるのです。7番目の数を11倍すればよいのです。11倍なら、（かけ算を習っていなくても、やり方を説明すれば）子ども達自身で簡単に出せます。

$$1+1+2+3+5+8+\textcircled{13}+21+34+55=\textcircled{143}$$

11倍

```
     13
+)  13
-------
    143
```

もし7番目の数の11倍にならなかったら、たし算をどこかで間違えたのです。やり直させている間に、また別の用事を済ませられるというものです。

さて、この方法でたし算の答えが求まる理由も簡単です。こちらは、中学校で学ぶ「文字式」の練習にピッタリかもしれません。

a	……	1番目の（好きな）数
b	……	2番目の（好きな）数
$a+b$	……	3番目の数
$a+2b$	……	4番目の数
$2a+3b$	……	5番目の数
$3a+5b$	……	6番目の数
$\boxed{5a+8b}$	……	7番目の数
$8a+13b$	……	8番目の数
$13a+21b$	……	9番目の数
$+)\ 21a+34b$	……	10番目の数
$55a+88b=\boxed{11(5a+8b)}$		

上記のたし算の答え「$55a+88b$」ですが、p.136の方法で $55a$ や $88b$ を出します。$(89-1)b=88b$ ですが、a は2個ではなく、3個あるので $(55-1)a+a=55a$ となります。

子ども達と一緒にやるなら、みんなで順に10個並べた後で、すぐさま合計をパッと出してみせるといいかもしれませんね。

そうとは知らない子ども達から、尊敬のまなざしで見られるかもしれません。ただし、ガウスのような子どもがいなければの話ですが……。

9章

ガウスの時計算で見る「逆数のべき乗和」

9章

ガウスの時計算で見る「逆数のべき乗和」

今回は「逆数のべき乗和」の数列を見ていきます。ここでも、素数 p で割った「余り」に着目します。もっとも各項は分数なので、割るのは「分子」の方です。約分が障壁となり、とても難しくなってきます。読者の皆さまのさらなる探求に期待します。

問題は「約分」にあり

逆数のべき乗和 $T_k(n)$ では、約分した後の「分子」に着目してみましょう。「分母」は $1^k2^k3^k\cdots\cdots n^k=(n!)^k$ の約数です。

$$
\begin{aligned}
T_k(n) &= \frac{1}{1^k}+\frac{1}{2^k}+\frac{1}{3^k}+\cdots\cdots+\frac{1}{n^k} \\
&= \frac{2^k3^k\cdots n^k+1^k3^k\cdots n^k+\cdots\cdots+1^k2^k\cdots(n-1)^k}{1^k2^k3^k\cdots\cdots n^k}
\end{aligned}
$$

問 $T_1(n)$ ($n=1$、2、3、4)の(約分した後の)分子を、mod 3で見てみましょう。

$k=1$ のときの $T_1(n)=\dfrac{1}{1^1}+\dfrac{1}{2^1}+\dfrac{1}{3^1}+\cdots\cdots+\dfrac{1}{n^1}$ を $T(n)$ と略すことにします。

$$T(1)、T(2)、T(3)、T(4)、\cdots\cdots$$

それでは、第4項までを見てみます。

分子をmod 3で見ていくのですが、まずは約分します。

$T(1)=\dfrac{1}{1}$ 分子 $1\equiv$「1」(mod 3)

$T(2)=\dfrac{1}{1}+\dfrac{1}{2}=\dfrac{2+1}{1\cdot2}$ 分子 $2+1\equiv$「0」(mod 3)

$T(3)=\dfrac{1}{1}+\dfrac{1}{2}+\dfrac{1}{3}=\dfrac{2\cdot3+1\cdot3+1\cdot2}{1\cdot2\cdot3}$

分子 $2\cdot3+1\cdot3+1\cdot2\equiv1\cdot3\not\equiv0 \pmod 2$

分子 $2\cdot3+1\cdot3+1\cdot2\equiv1\cdot2\equiv$「2」(mod 3)

$T(3)$ は約分される可能性はありません。分母に現れる素因数は2、3だけですが、分子はmod 2、mod 3で「$\not\equiv 0$」なので、2、3で割り切れないのです。

$$T(4)=\frac{1}{1}+\frac{1}{2}+\frac{1}{3}+\frac{1}{4}$$

$$=\frac{2\cdot3\cdot4+1\cdot3\cdot4+1\cdot2\cdot4+1\cdot2\cdot3}{1\cdot2\cdot3\cdot4}$$

$T(4)$は「2」で約分できます。「2」で約分した後の分子は、

$$3\cdot4+1\cdot3\cdot2+1\cdot4+1\cdot3\equiv1\cdot3\not\equiv0 \pmod 2$$

$$3\cdot4+1\cdot3\cdot2+1\cdot4+1\cdot3\equiv1\cdot4\equiv「1」 \pmod 3$$

$T(4)$は(「2」で約分した後は、これ以上)さらに約分される可能性はありません。分母に現れる素因数は2、3だけなのです。

以上から、$T(1)$、$T(2)$、$T(3)$、$T(4)$の(約分した後の)分子は、mod 3で順に「1」「0」「2」「1」となっています。

さて **問** で見たように、$T(1)$、$T(2)$、$T(3)$、$T(4)$、……の(約分した後の)分子はmod 3で「1021 ……」です。でも続けて見ていくと、約分が大変になってきそうですね。

そこで、$T_k(n)$のnを$n=1$、2、3、4、5、……として

$$T_k(1)、T_k(2)、T_k(3)、T_k(4)、T_k(5)、……$$

の(約分した後の)分子をmod pで見ていくのは断念しましょう。

代わりに、$T_k(n)$のkを$k=1$、2、3、4、5、……として

$$T_1(n)、T_2(n)、T_3(n)、T_4(n)、T_5(n)、……$$

の（約分した後の）分子をmod pで見ていくことにします。

もちろんこの場合も、nが大きいと約分の関係で見ていくのが難しくなってきます。そこでnは、$n=p-1$“まで”とします。

この章でも、mod pのpは素数とします。

mod 3で見る「逆数のべき乗和」の分子

mod 3で、「逆数のべき乗和」$T_k(n)$の（約分した後の）分子を見ていきましょう。$3-1=2$から、$n=1$、2を見てみます。

問 次の（約分した後の）分子をmod 3で見てみましょう。

(1)【$n=1$】 $T_1(1)$、$T_2(1)$、$T_3(1)$、$T_4(1)$、$T_5(1)$、……

(2)【$n=2$】 $T_1(2)$、$T_2(2)$、$T_3(2)$、$T_4(2)$、$T_5(2)$、……

(1)【$n=1$】 $T_k(1)=\dfrac{1}{1^k}$

$T_k(1)$の分子はどれも「1」です。$T_k(1)$（$k=1$、2、3、……）の分子はmod 3で 周期的で、周期は「1」 です。

(2)【$n=2$】 $T_k(2)=\dfrac{1}{1^k}+\dfrac{1}{2^k}=\dfrac{2^k+1^k}{1^k 2^k}$

$$分子\quad 2^k+1^k\equiv 1^k\not\equiv 0 \pmod{2}$$

$T_k(2)$は、（分子が2で割り切れないので）約分される心配はありません。

分子「1^k+2^k」がmod 3でどうなるかは、すでに前章で見てきました。その結果を再記すると、次の通りです。

《 mod 3での「べき乗和」》 $S_k(n)=1^k+2^k+\cdots+n^k$

mod 3での$S_k(n)$ ($n=1$、2、3、……)は周期的となり、

$k\equiv 1 \pmod 2$ のとき、周期は「100」(3個)

$k\equiv 0 \pmod 2$ のとき、周期は「122011200」(3^2個)

kを1、2、3、4、……としていくと、mod 2では1、0、1、0、……となります。$k\equiv 1$と$k\equiv 0 \pmod 2$の場合が交互に繰り返されるのです。

今回の分子は「1^k+2^k」と$n=2$の場合なので、それぞれ「100」「122011200」の2番目を見ると「0」「2」です。したがって、mod 3での$T_k(2)$の分子「1^k+2^k」($k=1$、2、3、……)は、「02」が繰り返されます。つまり 周期的で、周期は「02」 です。

《 mod 3での「逆数のべき乗和」の分子 》

mod 3での次の$k=1$、2、3、…… の分子は周期的で、

$T_k(1)=\dfrac{1}{1^k}$ の(分子の)周期は「1」

$T_k(2)=\dfrac{1}{1^k}+\dfrac{1}{2^k}$ の(分子の)周期は「02」

mod 5で見る「逆数のべき乗和」の分子

mod 5で、「逆数のべき乗和」$T_k(n)$の（約分した後の）分子を見ていきましょう。$5-1=4$から、$n=1$、2、3、4を見ていきます。

問 次の（約分した後の）分子をmod 5で見てみましょう。

【 $n=1$ 】 $T_1(1)$、$T_2(1)$、$T_3(1)$、$T_4(1)$、$T_5(1)$、……

【 $n=2$ 】 $T_1(2)$、$T_2(2)$、$T_3(2)$、$T_4(2)$、$T_5(2)$、……

【 $n=3$ 】 $T_1(3)$、$T_2(3)$、$T_3(3)$、$T_4(3)$、$T_5(3)$、……

【 $n=4$ 】 $T_1(4)$、$T_2(4)$、$T_3(4)$、$T_4(4)$、$T_5(4)$、……

まずは、まとめて約分を見ていきます。

【 $n=1$ 】 $T_k(1)=\dfrac{1}{1^k}$

【 $n=2$ 】 $T_k(2)=\dfrac{1}{1^k}+\dfrac{1}{2^k}=\dfrac{2^k+1^k}{1^k2^k}$

p.233で見た通り、$T_k(2)$は約分される心配はありません。

【 $n=3$ 】 $T_k(3)=\dfrac{1}{1^k}+\dfrac{1}{2^k}+\dfrac{1}{3^k}=\dfrac{2^k3^k+1^k3^k+1^k2^k}{1^k2^k3^k}$

分子 $2^k3^k+1^k3^k+1^k2^k\equiv 1^k3^k\not\equiv 0 \pmod{2}$

分子 $2^k3^k+1^k3^k+1^k2^k\equiv 1^k2^k\not\equiv 0 \pmod{3}$

$T_k(3)$ は、約分される心配はありません。

【 $n=4$ 】 $T_k(4)=\dfrac{1}{1^k}+\dfrac{1}{2^k}+\dfrac{1}{3^k}+\dfrac{1}{4^k}$

$$=\frac{2^k3^k4^k+1^k3^k4^k+1^k2^k4^k+1^k2^k3^k}{1^k2^k3^k4^k}$$

$T_k(4)$ は「2^k」で約分できます。「2^k」で約分した後の分子は、

$$3^k4^k+1^k3^k2^k+1^k4^k+1^k3^k\equiv 1^k3^k\not\equiv 0 \pmod{2}$$

$$3^k4^k+1^k3^k2^k+1^k4^k+1^k3^k\equiv 1^k4^k\not\equiv 0 \pmod{3}$$

$T_k(4)$ は、(「2^k」で約分したら、それ以上) さらに約分されることはありません。

ここまで約分を見てきました。でも $T_k(4)$ の $n=4$ の場合は、$5-1=4$ “ちょうど” ということで、特別に約分しないままの分子を見ていくことにします (そうする理由は後に回します)。

各場合の分子ですが、mod 5で偶然にも次のようになっています ($n=4$ の場合は特別扱いで、約分する前の分子です)。

【 $n=1$ 】 1

【 $n=2$ 】 2^k+1^k

【 $n=3$ 】 $2^k3^k+1^k3^k+1^k2^k$

$$\equiv 6^k+3^k+2^k$$

$$\equiv 1^k+3^k+2^k$$

【 $n=4$ 】 $2^k3^k4^k+1^k3^k4^k+1^k2^k4^k+1^k2^k3^k$

$$\equiv 24^k+12^k+8^k+6^k$$

$$\equiv 4^k + 2^k + 3^k + 1^k$$

分子「$1^k + 2^k$」「$1^k + 2^k + 3^k$」「$1^k + 2^k + 3^k + 4^k$」のmod 5での結果は、すでに前章で見てきました。

再記すると、次の通りです。

《 mod 5での「べき乗和」》 $S_k(n) = 1^k + 2^k + \cdots + n^k$

mod 5での$S_k(n)$（$n = 1$、2、3、……）は周期的で、

$k \equiv 1 \pmod 4$ のとき、周期は「13100」(5個)

$k \equiv 2 \pmod 4$ のとき、周期は「10400」(5個)

$k \equiv 3 \pmod 4$ のとき、周期は「14100」(5個)

$k \equiv 0 \pmod 4$ のとき、周期は（5^2個の）

「1234401233401223401123400」

kを1、2、3、4、5、6、7、8、……としていくと、mod 4では1、2、3、0、1、2、3、0、……となります。

mod 5での$T_k(1)$、$T_k(2)$、$T_k(3)$、$T_k(4)$（$k=1$、2、3、……）の分子はどれも周期的で、周期は次のようになります。

【 $n = 1$ 】 各1番目を見ると「1111」で、周期は「1」

【 $n = 2$ 】 各2番目を見ると、周期は「3042」

【 $n = 3$ 】 各3番目を見ると、周期は「1413」

【 $n = 4$ 】 各4番目を見ると、周期は「0004」

ここで気になるのは、$n=4$の場合は「2^k」で約分できるということです。約分しないで見てきて、それでよいのでしょうか。

結論として、約分しても結果は変わらないのです。

「0004」の中の「0」は、5で割り切れるということです。つまり、分子を素因数分解したときに、5が現れるということです。この5は、分母の(5より小さい素数の)2や3で約分したところで、消えることはありません。このため、約分しても5で割り切れるのです。

それでは「0004」の中の「4」はどうでしょうか。約分したら、余りも変わってくるものです。例えば9÷5の余りは4ですが、もし9が(約分されて)3になったら、3÷5の余りは3となってしまいます。

でも、今回の場合は大丈夫です。そもそも(「0004」の中の)「4」が出てくるのは、(以下で見てみますが)じつはフェルマーの小定理から、4個ある各項がどれもmod 5で「≡1」となるからです。

$$\langle 4乗\rangle\ 1^4\equiv 1、2^4\equiv 1、3^4\equiv 1、4^4\equiv 1 \pmod 5$$

今回、問題となっているのは、$k\equiv 0 \pmod 4$ のときです。このとき$k=4h$とすると、$a\,(\neq 0)$が何であろうと$a^{4h}=(a^4)^h\equiv 1$です。このため4個の和「$\equiv 1+1+1+1$」ということで「$\equiv 4$」となるのです。

具体的には、$k\equiv 0 \pmod 4$のとき、mod 5で次のようになります。

$$\text{約分前の分子}\quad 2^k3^k4^k+1^k3^k4^k+1^k2^k4^k+1^k2^k3^k$$
$$\equiv 1+1+1+1\equiv 4$$
$$\text{約分後の分子}\quad 3^k4^k+1^k3^k2^k+1^k4^k+1^k3^k$$
$$\equiv 1+1+1+1\equiv 4$$

《 mod 5での「逆数のべき乗和」の分子》

mod 5での次の$k=1$、2、3、…… の分子は周期的で、

$T_k(1)=\dfrac{1}{1^k}$ の（分子の）周期は「1」

$T_k(2)=\dfrac{1}{1^k}+\dfrac{1}{2^k}$ の（分子の）周期は「3042」

$T_k(3)=\dfrac{1}{1^k}+\dfrac{1}{2^k}+\dfrac{1}{3^k}$ の（分子の）周期は「1413」

$T_k(4)=\dfrac{1}{1^k}+\dfrac{1}{2^k}+\dfrac{1}{3^k}+\dfrac{1}{4^k}$ の（分子の）周期は「0004」

mod 7で見る「逆数のべき乗和」の分子

こうなると、例えばmod 7での「逆数のべき乗和」$T_k(n)$の分子も、前章の結果から同じように出てくると期待するかもしれませんね。

前章の結果を再記すると、次の通りです。

《 mod 7での「べき乗和」》 $S_k(n)=1^k+2^k+\cdots+n^k$

mod 7での $S_k(n)$（$n=1$、2、3、……）は周期的となり、

$k\equiv1 \pmod 6$ のとき、周期は「1363100」（7個）

$k\equiv2 \pmod 6$ のとき、周期は「1502600」（7個）

$k\equiv3 \pmod 6$ のとき、周期は「1212100」（7個）

$k\equiv4 \pmod 6$ のとき、周期は「1304600」（7個）

$k\equiv5 \pmod 6$ のとき、周期は「1535100」（7個）

$k\equiv0 \pmod 6$ のとき、周期は「1234566…00」（7^2個）

これから、例えばmod 7での $T_k(3)$ の分子は、各周期の3番目を見て周期「601033」となる……、と期待するかもしれません。でも、実際の周期は「406013」です。

ちなみに $n=3$ では、次の通りです。

$$【\ n=3\ 】\quad T_k(3)=\frac{1}{1^k}+\frac{1}{2^k}+\frac{1}{3^k}=\frac{2^k3^k+1^k3^k+1^k2^k}{1^k2^k3^k}$$

p.235で見たように $T_k(3)$ は約分できません。

ところが今回は、mod 5ではなくmod 7で見るのです。

$$2^k3^k+1^k3^k+1^k2^k\equiv「6^k+3^k+2^k」\pmod 7$$

予想が外れたのは、「$1^k+2^k+3^k$」でなく「$2^k+3^k+6^k$」だからです。このため上記の各周期の3番目（$n=3$）を見て済ますわけにはいかないのです。

それなら具体的な周期は別として、($n=1$の場合は例外で)周期の長さはどれも「6個」だろう、と期待しますよね。

残念ながら、これも正しくありません。

例えば$n=2$では、次の通りです。

$$【\ n=2\ 】\quad T_k(2)=\frac{1}{1^k}+\frac{1}{2^k}=\frac{2^k+1^k}{1^k2^k}$$

$T_k(2)$の分子はmod 7でも「1^k+2^k」です。そこでp.240の周期の各2番目を見ると「352352」です。でもこれって、周期は「352352」の「6個」ではなく、「352」の「3個」ですよね。

mod 7で見る$n=6$の「逆数のべき乗和」の分子

こうなると、周期の長さの法則性さえも期待できそうにありません。そこで、これまで$n=p-1$“まで”としてきた話を、さらに狭めて$n=p-1$“ちょうど”に限定しましょう。

$p=3$、5では$n=p-1$のとき、mod pでの$T_k(n)$($k=1$、2、3、……)の分子は周期的で、周期は次の通りでした。

《$p=3$》【 $n=2$ 】 周期は「02」(2個)

《$p=5$》【 $n=4$ 】 周期は「0004」(4個)

こうなると$p=3$、5以外でも、$n=p-1$のときの周期は「00…0$(p-1)$」($p-1$個)ではないかと期待しますよね。

さっそく《$p=7$》【 $n=6$ 】の場合を見てみましょう。

問 次の（約分した後の）分子をmod 7で見てみましょう。

【 $n=6$ 】 $T_1(6)$、$T_2(6)$、$T_3(6)$、$T_4(6)$、$T_5(6)$、……

$$T_k(6)=\frac{1}{1^k}+\frac{1}{2^k}+\frac{1}{3^k}+\frac{1}{4^k}+\frac{1}{5^k}+\frac{1}{6^k}$$

約分する前の分子は、次の通りです。

$$2^k3^k4^k5^k6^k+1^k3^k4^k5^k6^k+1^k2^k4^k5^k6^k$$
$$+1^k2^k3^k5^k6^k+1^k2^k3^k4^k6^k+1^k2^k3^k4^k5^k$$

p.240の結果が利用できるのは、上記がmod 7で「$1^k+2^k+3^k+4^k+5^k+6^k$」となっている場合です。確認してみましょう。

まず7は素数なので、ウィルソンの定理を用います。

$$1\cdot2\cdot3\cdot4\cdot5\cdot6\equiv-1 \pmod 7$$

この両辺に、mod 7で必ず存在する逆数（逆元）をかけていきます。

$1\cdot1\equiv1$ で $(1\cdot1)\cdot2\cdot3\cdot4\cdot5\cdot6\equiv-1\cdot1\equiv6$

$2\cdot4\equiv1$ で $1\cdot(2\cdot4)\cdot3\cdot4\cdot5\cdot6\equiv-1\cdot4\equiv3$

$3\cdot5\equiv1$ で $1\cdot2\cdot(3\cdot5)\cdot4\cdot5\cdot6\equiv-1\cdot5\equiv2$

$4\cdot2\equiv1$ で $1\cdot2\cdot3\cdot(4\cdot2)\cdot5\cdot6\equiv-1\cdot2\equiv5$

$5\cdot3\equiv1$ で $1\cdot2\cdot3\cdot4\cdot(5\cdot3)\cdot6\equiv-1\cdot3\equiv4$

$6\cdot6\equiv1$ で $1\cdot2\cdot3\cdot4\cdot5\cdot(6\cdot6)\equiv-1\cdot6\equiv1$

これから、mod 7で次が成り立ちます。

$$
\begin{aligned}
2\cdot3\cdot4\cdot5\cdot6 \equiv 6 \quad &\Rightarrow \quad 2^k3^k4^k5^k6^k \equiv 6^k \\
1\cdot3\cdot4\cdot5\cdot6 \equiv 3 \quad &\Rightarrow \quad 1^k3^k4^k5^k6^k \equiv 3^k \\
1\cdot2\cdot4\cdot5\cdot6 \equiv 2 \quad &\Rightarrow \quad 1^k2^k4^k5^k6^k \equiv 2^k \\
1\cdot2\cdot3\cdot5\cdot6 \equiv 5 \quad &\Rightarrow \quad 1^k2^k3^k5^k6^k \equiv 5^k \\
1\cdot2\cdot3\cdot4\cdot6 \equiv 4 \quad &\Rightarrow \quad 1^k2^k3^k4^k6^k \equiv 4^k \\
1\cdot2\cdot3\cdot4\cdot5 \equiv 1 \quad &\Rightarrow \quad 1^k2^k3^k4^k5^k \equiv 1^k
\end{aligned}
$$

約分する前の分子は、上記の通りmod 7で「$1^k+2^k+3^k+4^k+5^k+6^k$」となっています。

これでp.240の周期の各6番目を見て、「000006」の「00000」まで は大丈夫です。p.238と同じ理由で、約分が問題となるのは余りがある場合だけです。

今回の$p=7$では、余り「6」となる$\boldsymbol{k\equiv0}$ **(mod 6)** の場合だけ、約分する必要があるのです。

さて、約分する前の分子は次の通りです。

$$
\begin{aligned}
&2^k3^k4^k5^k6^k+1^k3^k4^k5^k6^k+1^k2^k4^k5^k6^k \\
&+1^k2^k3^k5^k6^k+1^k2^k3^k4^k6^k+1^k2^k3^k4^k5^k
\end{aligned}
$$

「$\boldsymbol{3^k4^k}$」で約分すると、次ページの左の青字は右のようになります。

$$
\begin{aligned}
2^k3^k4^k5^k6^k \quad &\Rightarrow \quad 2^k5^k6^k \\
1^k3^k4^k5^k6^k \quad &\Rightarrow \quad 1^k5^k6^k \\
1^k2^k4^k5^k6^k \quad &\Rightarrow \quad 1^k2^k5^k2^k \\
1^k2^k3^k5^k6^k \quad &\Rightarrow \quad 1^k1^k5^k3^k \\
1^k2^k3^k4^k6^k \quad &\Rightarrow \quad 1^k2^k6^k \\
1^k2^k3^k4^k5^k \quad &\Rightarrow \quad 1^k2^k5^k
\end{aligned}
$$

これら右側の項の和が、分母の素因数（7より小さい素数p）で割り切れるか（mod pで「$\equiv 0$」か）を確認していきます（割り切れたら、さらに約分できるということです）。

mod 2では、$1^k1^k5^k3^k$以外は$\equiv 0$なので、和は$\not\equiv 0$です。

mod 3では、$1^k2^k5^k2^k$と$1^k2^k5^k$以外は$\equiv 0$なので、和$1^k2^k5^k2^k + 1^k2^k5^k = 1^k2^k5^k(2^k+1)$の$(2^k+1)$が3で割り切れるかどうかが問題となります（割り切れたら、さらに約分することになります）。

その(2^k+1)つまり「1^k+2^k」(mod 3)は、すでに前章で見てきて、p.234に再記しました。

今は$k \equiv 0 \pmod 6$の場合なので、$k \equiv 0 \pmod 2$です。そこで、「122011200」の2番目($n=2$)を見ます。すると「2」なので、(2^k+1)は3で割って余り「2」で、割り切れません。

結局mod 3でも、和は$\not\equiv 0$です。

最後にmod 5では、$1^k2^k6^k$以外は$\equiv 0$なので、和は$\not\equiv 0$です。

これで「3^k4^k」で約分した段階で、約分は完了していると分かりました。約分した後の分子は、上記右側の項の和です。

その和ですが、(フェルマーの小定理から)6個ある各項は「≡1」です。これより和はmod 7で「≡1＋1＋1＋1＋1＋1」となり「≡6」となります。以上から、問の答えは次の通りです。

《 mod 7での6個の「逆数のべき乗和」の分子》

$$T_k(6)=\frac{1}{1^k}+\frac{1}{2^k}+\frac{1}{3^k}+\frac{1}{4^k}+\frac{1}{5^k}+\frac{1}{6^k}$$

mod 7での$T_k(6)$（$k=1$、2、3、……）の分子は周期的で、周期は「000006」(6個)

さて$n=p-1$“ちょうど”のとき、$T_k(n)$($k=1$、2、3、……)の分子はmod pで周期的で、周期は「00…0($p-1$)」($p-1$個)ではないかという話でしたね。

この期待は、$p=7$では成立していると判明しました。

mod 11で見る$n=10$の「逆数のべき乗和」の分子

それでは、《$p=11$》【 $n=10$ 】の場合はどうでしょうか。

nが大きいと、約分の関係で見ていくのが難しくなります。$n=11-1=10$は決して大きいとはいえませんが、じつは早くも難しくなってきます。

それでは、その難しさを実感してみましょう(実感したくない方は、p.261まで飛ばしてください)。

$$T_k(10) = \frac{1}{1^k} + \frac{1}{2^k} + \frac{1}{3^k} + \cdots\cdots + \frac{1}{10^k}$$

約分する前の分子は、次の項の和です。

$$2^k 3^k 4^k 5^k 6^k 7^k 8^k 9^k 10^k$$

$$1^k 3^k 4^k 5^k 6^k 7^k 8^k 9^k 10^k$$

$$1^k 2^k 4^k 5^k 6^k 7^k 8^k 9^k 10^k$$

$$\cdots\cdots\cdots\cdots\cdots\cdots$$

$$\cdots\cdots\cdots\cdots\cdots\cdots$$

$$1^k 2^k 3^k 4^k 5^k 6^k 7^k 8^k 9^k$$

p.242と同様に逆数（逆元）を用いて見ていくと、これらの和はmod 11で「$1^k + 2^k + \cdots\cdots + 10^k$」となっています。

こうなると前章の結果が、$p = 11$として利用できます。

（下記は必要部分を取り出しています。またpは素数です。）

《 mod pでの「べき乗和」》 $S_k(n) = 1^k + 2^k + \cdots + n^k$

mod pでの$S_k(n)$（$n = 1$、2、3、……）は周期的で、

$k \not\equiv 0$ (mod $p - 1$)のとき、周期は「$* \cdots * 00$」（p個）

$k \equiv 0$ (mod $p - 1$)のとき、周期は（p^2個の）

「$12 \cdots p-1\,p-1 \cdots\cdots 00$」

今はmod 11なので$p - 1 = 10$です。mod 11での$T_k(10)$の分子は、各周期の10番目（$n = 10$）を見ます。

$k \not\equiv 0 \pmod{10}$ では、「$* \cdots * 00$」(11個)の10番目、つまり後ろから2つ目で「0」です。

$k \equiv 0 \pmod{10}$ では、「12 … 10 10 …… 00」(11^2個)の10番目となると「10」ですが、この場合は未確定です。余り「10」のように割り切れないときは、約分する必要があります。

これまでのところ、mod 11での$T_k(10)$($k=1$、2、3、……)の分子は次の通りです(9個0が並んで10番目が①、さらに9個0が並んで20番目が②、以下同様)。

0　0　0　0　0　0　0　0　0　①
0　0　0　0　0　0　0　0　0　②
0　0　0　0　0　0　0　0　0　③
…………………………………………
…………………………………………

上記で確定しているのは「0」だけで、①②③……は未確定です。①②③……が同一かどうかは定かでなく、やがて繰り返す、つまり周期的になるという期待には、何一つ根拠がありません。

それでは①②③……を求めるべく約分をしましょう。①②③……は、$k \equiv 0 \pmod{10}$ つまり$k=10$、20、30、……のときのmod 11での$T_k(10)$の分子です。

約分する前の分子は、次の項の和です。

$$2^k3^k4^k5^k6^k7^k8^k9^k10^k$$

$$1^k3^k4^k5^k6^k7^k8^k9^k10^k$$

$$1^k2^k4^k5^k6^k7^k8^k9^k10^k$$

$$\cdots\cdots\cdots\cdots\cdots\cdots$$

$$\cdots\cdots\cdots\cdots\cdots\cdots$$

$$1^k2^k3^k4^k5^k6^k7^k8^k9^k$$

「$4^k8^k9^k5^k$」で約分すると、左の青字は右のようになります。

$$\begin{array}{lcl}
2^k3^k4^k5^k6^k7^k8^k9^k10^k & \Rightarrow & 2^k3^k6^k7^k10^k \\
1^k3^k4^k5^k6^k7^k8^k9^k10^k & \Rightarrow & 1^k3^k6^k7^k10^k \\
1^k2^k4^k5^k6^k7^k8^k9^k10^k & \Rightarrow & 1^k2^k6^k7^k10^k \\
1^k2^k3^k5^k6^k7^k8^k9^k10^k & \Rightarrow & 1^k1^k3^k3^k7^k10^k \\
1^k2^k3^k4^k6^k7^k8^k9^k10^k & \Rightarrow & 1^k2^k3^k6^k7^k2^k \\
1^k2^k3^k4^k5^k7^k8^k9^k10^k & \Rightarrow & 1^k2^k3^k7^k10^k \\
1^k2^k3^k4^k5^k6^k8^k9^k10^k & \Rightarrow & 1^k2^k3^k6^k10^k \\
1^k2^k3^k4^k5^k6^k7^k9^k10^k & \Rightarrow & 1^k1^k3^k3^k7^k5^k \\
1^k2^k3^k4^k5^k6^k7^k8^k10^k & \Rightarrow & 1^k2^k1^k2^k7^k10^k \\
1^k2^k3^k4^k5^k6^k7^k8^k9^k & \Rightarrow & 1^k2^k3^k6^k7^k
\end{array}$$

これら右側の項の和が、分母の素因数である「11より小さい素数p」、つまり$p=2$、3、5、7で割り切れるか（$\bmod p$で「$\equiv 0$」か）を確認していきます。もし割り切れたら、さらに約分できるということです。

mod 2では、$1^k1^k3^k3^k7^k5^k$以外は $\equiv 0$なので、和は $\not\equiv 0$

mod 3では、$1^k2^k1^k2^k7^k10^k$以外は $\equiv 0$なので、和は $\not\equiv 0$

mod 5は後回しにします。

mod 7では、$1^k2^k3^k6^k10^k$以外は $\equiv 0$なので、和は $\not\equiv 0$

最後に、後回しにしていたmod 5です。

mod 5では、$1^k2^k3^k6^k7^k2^k$と$1^k2^k3^k6^k7^k$以外は$\equiv 0$なので、和$1^k2^k3^k6^k7^k2^k + 1^k2^k3^k6^k7^k = 1^k2^k3^k6^k7^k(2^k+1)$の$(2^k+1)$が5で割り切れるかどうかが問題となります。

その(2^k+1)つまり「1^k+2^k」$\pmod 5$は、すでに前章で見てきて、p.237に再記しました。

各周期の2番目$(n=2)$を見てみると、「0」となっているのは$k\equiv 2 \pmod 4$のとき、つまり$k=4l+2$（$l\geq 0$の整数）のときだけです。

今は$k\equiv 0 \pmod{10}$の場合なので、$4l+2\equiv 0 \pmod{10}$となるlを見てみます。

$$
\begin{aligned}
4l+2 &\equiv 0 \pmod{10}\\
2l+1 &\equiv 0 \pmod 5\\
2l &\equiv -1 \pmod 5\\
2l &\equiv 4 \pmod 5\\
l &\equiv 2 \pmod 5
\end{aligned}
$$

そこで$l=5m+2$（$m\geq 0$の整数）と置くと、$k=4l+2=4(5m+2)+2=20m+10=10(2m+1)$となります。

今の場合、(2^k+1) が5で割り切れるのは、kが10の奇数倍のときです。

kが10の偶数倍のときは、これ以上約分できないので、これまでと同様に mod 11での $T_k(10)$ の分子は10となります。

つまりp.247の偶数番目の②④⑥……は10です。

0	0	0	0	0	0	0	0	0	①
0	0	0	0	0	0	0	0	0	10
0	0	0	0	0	0	0	0	0	③
0	0	0	0	0	0	0	0	0	10
0	0	0	0	0	0	0	0	0	⑤
0	0	0	0	0	0	0	0	0	10

……………………………………

……………………………………

それではkが10の奇数倍の①③⑤ ……を見ていきましょう。

$k=10(2m+1)$ のとき、(2^k+1) が「5の何乗」で割り切れるかを確認し、その「5の何乗」でさらに約分してから、mod 11での $T_k(10)$ の分子、つまり①③⑤ ……を求めていきます。

(2^k+1) を計算する前に、まず $a=2^{10}+1=1024+1=1025=5^2\cdot41$ と置きます。aは「5^2」で割り切れます。

問題は、(2^k+1) が「5の何乗」で割り切れるかです。

その (2^k+1) は、$k=10(2m+1)$ のとき次の通りです。

$$
\begin{aligned}
2^k+1 &= 2^{10(2m+1)}+1 \\
&= (2^{10})^{2m+1}+1 \\
&= (a-1)^{2m+1}+1
\end{aligned}
$$

それでは $m=0$、1、2、……として、$(a-1)^{2m+1}+1$ が「5の何乗」で割り切れるかを見ていきましょう。その「5の何乗」でさらに約分して、mod 11で①③⑤……を求めるのです。

mod 11で見る $T_k(10)$ の分子（$k=10$、30）

まずは、p.250の①③を見ていきます。$m=0$、1とした $k=10(2m+1)=10$、30の場合です。念のために再記すると、次の通りです。

$a=2^{10}+1=5^2\cdot 41$ で、a は「5^2」で割り切れます。

$k=10(2m+1)$ のとき、$(2^k+1)=(a-1)^{2m+1}+1$ です。

この $(2^k+1)=(a-1)^{2m+1}+1$ が、「5の何乗」で割り切れるかを見ていきます。

問 次の分数の（約分した後の）分子を、mod 11で見てみましょう。

① $T_{10}(10)=\dfrac{1}{1^{10}}+\dfrac{1}{2^{10}}+\dfrac{1}{3^{10}}+\cdots\cdots+\dfrac{1}{10^{10}}$

③ $T_{30}(10)=\dfrac{1}{1^{30}}+\dfrac{1}{2^{30}}+\dfrac{1}{3^{30}}+\cdots\cdots+\dfrac{1}{10^{30}}$

① $m=0$ $(k=10、2m+1=1)$

$$(2^{10}+1)=(a-1)^1+1=a$$

いよいよ約分の続きです。次の2項の和が、「5の何乗」で割り切れるかが問題でした。

$$1^{10}2^{10}3^{10}6^{10}7^{10}2^{10}+1^{10}2^{10}3^{10}6^{10}7^{10}$$
$$=1^{10}2^{10}3^{10}6^{10}7^{10}(2^{10}+1)=1^{10}2^{10}3^{10}6^{10}7^{10}a$$

これから、さらに($a=5^2\cdot41$ の)「5^2」で約分します。

「5^2」で約分すると、上の2項の和は $1^{10}2^{10}3^{10}6^{10}7^{10}41$ となり、(フェルマーの小定理から) mod 11で「$\equiv41\ (\equiv8)$」です。

p.248の残りの8項は、「5^2」で約分すると $10^{10}=2^{10}5^{10}$ は $2^{10}5^8$ となり、5^{10} は 5^8 となります。結局残りの8項はすべて(フェルマーの小定理から)「$\equiv1$」と 5^8 の積となり、それら8項の和はmod 11で「$\equiv5^8\cdot8$」です。

以上から、mod 11で分子は「$41+5^8\cdot8$」を求めることになります。

$$41+5^8\cdot8\equiv8+25^4\cdot8\equiv8+3^4\cdot8$$
$$\equiv8+81\cdot8\equiv8+4\cdot8\equiv\boxed{7}$$

③ $m=1$ $(k=30、2m+1=3)$

$$(2^{30}+1)=(a-1)^3+1=a^3-3a^2+3a-1+1$$
$$=a(a^2-3a+3)$$

$$a^2-3a+3\equiv3\not\equiv0 \pmod 5$$

これから、さらに($a=5^2\cdot 41$の)「5^2」で約分します。

$1^{30}2^{30}3^{30}6^{30}7^{30}2^{30}$と$1^{30}2^{30}3^{30}6^{30}7^{30}$の和は、「$5^2$」で約分すると($a=5^2\cdot 41$から) mod 11で次のようになります。

$$
\begin{aligned}
&41\,(a^2-3a+3)\\
&\equiv 41\,\{(2^{10}+1)^2-3\,(2^{10}+1)+3\}\\
&\equiv 41\,\{(1+1)^2-3\,(1+1)+3\} \quad (2^{10}\equiv 1)\\
&\equiv 41\,\{2^2-3\cdot 2+3\}\\
&\equiv 41\cdot 6\cdot\{2\,(2^2-3\cdot 2+3)\} \quad (6\cdot 2\equiv 1)\\
&\equiv 41\cdot 6\,\{(2^3-3\cdot 2^2+3\cdot 2-1)+1\}\\
&\equiv 41\cdot 6\,\{(2-1)^3+1\}\\
&\equiv 41\cdot 6\cdot\{1+1\} \quad (6\cdot 2\equiv 1)\\
&\equiv 41
\end{aligned}
$$

p.248の残りの8項ですが、「5^2」で約分すると$10^{30}=2^{30}5^{30}$は$2^{30}5^{28}=(2^{10})^3\cdot(5^{10})^2\cdot 5^8$となり、$5^{30}$は$5^{28}=(5^{10})^2\cdot 5^8$となります。結局残り8項の和はmod 11で「$5^8\cdot 8$」です。

以上から、mod 11で分子は「$41+5^8\cdot 8$」を求めることになり、①と同じ「7」となります。

mod 11で見る$T_k(10)$の分子($k=50$、70)

次には、p.250の⑤⑦を見ていきます。$m=2$、3とした$k=10\,(2m+1)=50$、70の場合です。

問　次の分数の（約分した後の）分子を、mod 11で見てみましょう。

⑤　$T_{50}(10) = \dfrac{1}{1^{50}} + \dfrac{1}{2^{50}} + \dfrac{1}{3^{50}} + \cdots\cdots + \dfrac{1}{10^{50}}$

⑦　$T_{70}(10) = \dfrac{1}{1^{70}} + \dfrac{1}{2^{70}} + \dfrac{1}{3^{70}} + \cdots\cdots + \dfrac{1}{10^{70}}$

⑤　$m = 2$　（$k = 50$、$2m + 1 = 5$）

$$(2^{50} + 1) = (a - 1)^5 + 1 = a\,(a^4 - 5a^3 + 10a^2 - 10a + 5)$$

$$= 5a\left(\frac{a^4}{5} - 5\frac{a^3}{5} + 10\frac{a^2}{5} - 10\frac{a}{5} + 1\right)$$

$$\frac{a^4}{5} - 5\frac{a^3}{5} + 10\frac{a^2}{5} - 10\frac{a}{5} + 1 \equiv 1 \not\equiv 0 \pmod 5$$

これから、さらに（$5a = 5^3 \cdot 41$の）「5^3」で約分します。

それではp.248の各項を見ていきます。

$1^{50}2^{50}3^{50}6^{50}7^{50}2^{50}$と$1^{50}2^{50}3^{50}6^{50}7^{50}$の和は、「$5^3$」で約分するとmod 11で次のようになります。

$$41\left(\frac{a^4}{5} - 5\frac{a^3}{5} + 10\frac{a^2}{5} - 10\frac{a}{5} + 1\right)$$

$\equiv 41 \cdot 9 \cdot (a^4 - 5a^3 + 10a^2 - 10a + 5)$　（$9 \cdot 5 \equiv 1$）

$\equiv 41 \cdot 9 \cdot 6\,\{(2 - 1)^5 + 1\}$　（p.253と同様）

$\equiv 41 \cdot 9 \cdot 6 \cdot \{1 + 1\}$　（$6 \cdot 2 \equiv 1$）

$\equiv 41 \cdot 9$

p.248の残りの8項ですが、「5^3」で約分すると$10^{50}=2^{50}5^{50}$は$2^{50}\cdot 5^{47}=(2^{10})^5\cdot(5^{10})^4\cdot 5^7$となり、$5^{50}$は$5^{47}=(5^{10})^4\cdot 5^7$となります。結局残りの8項の和はmod 11で「$\equiv 5^7\cdot 8$」です。

以上から、mod 11で分子は「$41\cdot 9+5^7\cdot 8$」を求めることになります。

$$
\begin{aligned}
41\cdot 9+5^7\cdot 8 &\equiv 8\cdot 9+25^3\cdot 5\cdot 8\equiv 6+3^3\cdot 7\\
&\equiv 6+27\cdot 7\equiv 6+5\cdot 7\equiv \boxed{8}
\end{aligned}
$$

⑦ $m=3$ （$k=70$、$2m+1=7$）

$(2^{70}+1)=(a-1)^7+1=a\,(a^6-7a^5+\cdots\cdots+7)$

$$a^6-7a^5+\cdots\cdots+7\equiv 2\not\equiv 0 \pmod 5$$

これから、さらに（$a=5^2\cdot 41$の）「5^2」で約分します。

この先は③と同様で、mod 11で分子は「$41+5^8\cdot 8$」を求めることになり、$\boxed{「7」}$となります。

p.250は、（これまでのところ）次のように判明しました。

0	0	0	0	0	0	0	0	0	7
0	0	0	0	0	0	0	0	0	10
0	0	0	0	0	0	0	0	0	7
0	0	0	0	0	0	0	0	0	10
0	0	0	0	0	0	0	0	0	8
0	0	0	0	0	0	0	0	0	10
0	0	0	0	0	0	0	0	0	7

0　0　0　0　0　0　0　0　0　10

mod 11で見る$T_k(10)$の分子（$k=250$、1250、…）

こうなると、$\dfrac{k}{10}$が5で何回割り切れるかがカギとなります。

$k=90$、110、130、……のときは、$\dfrac{k}{10}$が5で割り切れず、$k=$10、30、70と同じ「$41+5^8\cdot 8$」となり、「7」となります。

$k=150$、350、450、……のときは、$\dfrac{k}{10}$が5で1回割り切れて、$k=50$と同じ「$41\cdot 9+5^7\cdot 8$」となり、「8」となります。

そこで$\dfrac{k}{10}$が5で2回、3回、…… 割り切れる、$k=250$、1250、……の場合を求めることにしましょう。

問　次の分数の（約分した後の）分子を、mod 11で見てみましょう。

$$T_k(10)=\frac{1}{1^k}+\frac{1}{2^k}+\frac{1}{3^k}+\ \cdots\cdots\ +\frac{1}{10^k}$$

(2) $k=5^2\cdot 10$　(3) $k=5^3\cdot 10$　(4) $k=5^4\cdot 10$

(5) $k=5^5\cdot 10$　(6) $k=5^6\cdot 10$　(7) $k=5^7\cdot 10$

(8) $k=5^8\cdot 10$　(9) $k=5^9\cdot 10$　(10) $k=5^{10}\cdot 10$

（1）が抜けていますが、これは書き忘れたわけではありません。単に番号を、5の指数に合わせただけです。

$\frac{k}{10}=h$と置き、$h=5^s$とします（hは奇数です）。

$$(a-1)^h+1=a\left(a^{h-1}-ha^{h-2}+\cdots\cdots-\frac{h(h-1)}{2\cdot 1}a+h\right)$$

問題となるのは上の（　）中の各項が、$h=5^s$以外は$5^{s+1}=5^s\cdot 5$で割り切れるかどうかです。

もし、割り切れれば（$a=5^2\cdot 41$）

$$(a-1)^h+1=a\cdot 5^s\left(5\frac{a^{h-1}}{5^{s+1}}-5\frac{ha^{h-2}}{5^{s+1}}+\cdots\cdots+1\right)$$

$$5\frac{a^{h-1}}{5^{s+1}}-5\frac{ha^{h-2}}{5^{s+1}}+\cdots\cdots-5\frac{h(h-1)a}{2\cdot 1\cdot 5^{s+1}}+1\equiv 1\not\equiv 0 \pmod{5}$$

となることから、「$5^2\cdot 5^s=5^{2+s}$」で約分することになります。

しかもこの続きはp.254で$9\cdot 5\equiv 1 \pmod{11}$としてきたところを$9^s\cdot 5^s\equiv 1$とするだけで、同様にして求まってきます。

心配無用です。$a^{h-1}-ha^{h-2}+\cdots\cdots-\frac{h(h-1)}{2\cdot 1}a+h$の（$h$以外の）各項は、$5^{s+1}$で割り切れます。

$a=5^2\cdot 41$の低次の項$\frac{h(h-1)(h-2)(h-3)}{4\cdot 3\cdot 2\cdot 1}a^3$、$\frac{h(h-1)(h-2)}{3\cdot 2\cdot 1}a^2$、$\frac{h(h-1)}{2\cdot 1}a$の$h=5^s$は、（分母と）約分されずに残ります。しかも、まだ$a=5^2\cdot 41$の$5^2$があるのです。

aの少し高次の項$\frac{h(h-1)\cdots\cdots(h-8)}{9\cdot 8\cdot 7\cdot 6\cdot 5\cdot 4\cdot 3\cdot 2\cdot 1}a^8$、……、……、……、

$\dfrac{h(h-1)(h-2)(h-3)(h-4)}{5\cdot4\cdot3\cdot2\cdot1}a^4$ は、$h=5^s$ が（分母の5と）約分されて 5^{s-1} になったところで、$a^8=(5^2\cdot41)^8$、……、$a^4=(5^2\cdot41)^4$ の5で補えます。

さらに高次の a の項も、約分されて5が減った分は、$a=5^2\cdot41$ の何乗かの5で十分に補えるのです。

以上のことから、(2)(3) … (10) は次のようになってきます。このとき「$9^s\cdot5^s\equiv1$」(mod 11) を用いています。

(2) $s=2$ で、さらに「$5^{2+s}=5^4$」で約分すると、mod 11で分子は「$41\cdot9^2+5^6\cdot8$」となります。

$$41\cdot9^2+5^6\cdot8\equiv8\cdot(-2)^2+25^3\cdot8\equiv8\cdot4+3^3\cdot8$$
$$\equiv10+27\cdot8\equiv10+5\cdot8\equiv\boxed{6}$$

(3) $s=3$ で、さらに「$5^{2+s}=5^5$」で約分すると、mod 11で分子は「$41\cdot9^3+5^5\cdot8$」となります。

$$41\cdot9^3+5^5\cdot8\equiv8\cdot(-2)^3+25^2\cdot5\cdot8\equiv-64+3^2\cdot7$$
$$\equiv-1\equiv-1+11\equiv\boxed{10}$$

(4) $s=4$ で、さらに「$5^{2+s}=5^6$」で約分すると、mod 11で分子は「$41\cdot9^4+5^4\cdot8$」となります。

$$41\cdot9^4+5^4\cdot8\equiv8\cdot(-2)^4+25^2\cdot8\equiv8\cdot5+3^2\cdot8$$
$$\equiv7+6\equiv13\equiv\boxed{2}$$

(5) $s=5$ で、さらに「$5^{2+s}=5^7$」で約分すると、mod 11で分子は「$41\cdot 9^5+5^3\cdot 8$」となります。

$$\begin{aligned}41\cdot 9^5+5^3\cdot 8 &\equiv 8\cdot(-2)^5+25\cdot 5\cdot 8\\ &\equiv 8\cdot(-10)+3\cdot 7\equiv 8\cdot 1+10\equiv \boxed{7}\end{aligned}$$

(6) $s=6$ で、さらに「$5^{2+s}=5^8$」で約分すると、mod 11で分子は「$41\cdot 9^6+5^2\cdot 8$」となります。

$$\begin{aligned}41\cdot 9^6+5^2\cdot 8 &\equiv 8\cdot(-2)^6+25\cdot 8\equiv 8\cdot 64+3\cdot 8\\ &\equiv 8\cdot 9+2\equiv 6+2\equiv \boxed{8}\end{aligned}$$

(7) $s=7$ で、さらに「$5^{2+s}=5^9$」で約分すると、mod 11で分子は「$41\cdot 9^7+5^1\cdot 8$」となります。

$$\begin{aligned}41\cdot 9^7+5^1\cdot 8 &\equiv 8\cdot(-2)^7+40\equiv -2^{10}+7\\ &\equiv -1+7\equiv \boxed{6}\end{aligned}$$

(8) $s=8$ で、さらに$5^{2+s}=5^{10}$で約分すると、mod 11で分子は「$41\cdot 9^8+5^0\cdot 8$」となります。

$$\begin{aligned}41\cdot 9^8+5^0\cdot 8 &\equiv 8\cdot(-2)^8+8\equiv 2\cdot 2^{10}+8\\ &\equiv 2+8\equiv \boxed{10}\end{aligned}$$

(9) $s=9$ で、さらに「$5^{2+s}=5^{11}=5^{10}\cdot 5^1$」で約分すると、mod 11

で分子は「$41\cdot 9^9+5^9\cdot 8$」となります。

$$41\cdot 9^9+5^9\cdot 8\equiv 8\cdot(-2)^9+5^9\cdot 8\equiv -2^2\cdot 2^{10}+25^4\cdot 5\cdot 8$$

$$\equiv -4+3^4\cdot 7\equiv -4+4\cdot 7\equiv -4+6\equiv \boxed{2}$$

(10) $s=10$で、さらに「$5^{2+s}=5^{12}=5^{10}\cdot 5^2$」で約分すると、mod 11で分子は「$41\cdot 9^{10}+5^8\cdot 8$」となり、$9^{10}\equiv 1$から「$41+5^8\cdot 8$」となります。これは、p.252①の$k=10=5^0\cdot 10$ ($s=0$) の場合と同じで「7」となります。

mod 11での「$T_k(10)$の分子」のまとめ

この先は、もう求めていく必要はありません。

例えば$s=11$では、さらに「$5^{2+s}=5^{13}=5^{10}\cdot 5^3$」で約分すると、mod 11で分子は「$41\cdot 9^{11}+5^7\cdot 8=41\cdot 9^{10}\cdot 9+5^7\cdot 8$」となり、$9^{10}\equiv 1$から「$41\cdot 9+5^7\cdot 8$」となります。これはp.254⑤の$k=50=5^1\cdot 10$ ($s=1$) の場合と同じで「8」となります。

このように、mod 11では「10乗で1」となることから、順に同じになってきます。

まとめると、次のようになっています。

$s\equiv 0$ (mod 10) のとき　「7」

$s\equiv 1$ (mod 10) のとき　「8」

$s\equiv 2$ (mod 10) のとき　「6」

$s \equiv 3 \pmod{10}$ のとき 「10」

$s \equiv 4 \pmod{10}$ のとき 「2」

$s \equiv 5 \pmod{10}$ のとき 「7」

$s \equiv 6 \pmod{10}$ のとき 「8」

$s \equiv 7 \pmod{10}$ のとき 「6」

$s \equiv 8 \pmod{10}$ のとき 「10」

$s \equiv 9 \pmod{10}$ のとき 「2」

これを見ると、sは(mod 10ではなく)mod 5でまとめられますね。下記で($m \not\equiv 3 \bmod 5$)は($2m-1 \not\equiv 0 \bmod 5$)です。

《 mod 11での10個の「逆数のべき乗和」の分子 》

$$T_k(10) = \frac{1}{1^k} + \frac{1}{2^k} + \frac{1}{3^k} + \cdots\cdots + \frac{1}{10^k}$$

mod 11での$T_k(10)$の(約分した後の)分子は、次の通り。

$k \not\equiv 0 \pmod{10}$ のとき 「0」

$k \equiv 0 \pmod{20}$ のとき 「10」

$k = 5^s\ (2m-1) \cdot 10\ (m \not\equiv 3 \bmod 5)$ の場合は

$s \equiv 0 \pmod{5}$ のとき 「7」

$s \equiv 1 \pmod{5}$ のとき 「8」

$s \equiv 2 \pmod{5}$ のとき 「6」

$s \equiv 3 \pmod{5}$ のとき 「10」

$s \equiv 4 \pmod{5}$ のとき 「2」

さて、$n=p-1$“ちょうど”のとき$T_k(n)$（$k=1$、2、3、……）の分子はmod pで周期的となり、周期は「00…0$(p-1)$」（$p-1$個）ではないかという話でしたね。

残念ながら、この期待は$p=11$では成り立ちません。上記の通り、5^sが絡むことで等間隔にはならず、周期的にさえならないのです。

mod pで「$T_k(p-1)$の分子」が周期的な例

一般の素数pで、$T_k(p-1)$（$k=1$、2、3、……）の分子をmod pで見ると、どうなるかを問題にしていました。

$k \not\equiv 0 \pmod{p-1}$の場合は、これまで通り「0」です。p.246の$p-1$番目を見れば「0」だからです。余り「0」の「00…0」に関しては、分母$1^k 2^k 3^k \cdots (p-1)^k$の素因数に$p$がないので、約分してもmod pで「0」のままなのです。

《 mod pでの$p-1$個の「逆数のべき乗和」の分子 》

$$T_k(p-1)=\frac{1}{1^k}+\frac{1}{2^k}+\frac{1}{3^k}+\cdots\cdots+\frac{1}{(p-1)^k}$$

mod p（pは素数）での$T_k(p-1)$の分子は、次の通り。

$k \not\equiv 0 \pmod{p-1}$のとき「0」

問題は$k \equiv 0 \pmod{p-1}$の場合です。この場合は、約分する必要があるのです。

実際に約分して見ていくと、先ほどの$p=11$のように、分子がmod pで周期的とならない場合が出てきます。

$p=3$、5、7の場合は、じつはたまたま周期的だったのです。

《$p=3$》「$T_k(2)$ の分子」は周期的で、周期は「02」
《$p=5$》「$T_k(4)$ の分子」は周期的で、周期は「0004」
《$p=7$》「$T_k(6)$ の分子」は周期的で、周期は「000006」

これらの場合は、$k\equiv 0 \pmod{p-1}$ のとき、項数の「$p-1$」となりました。mod pでの「$T_k(p-1)$ の分子」は周期的となり、周期は「00…0 $(p-1)$」($p-1$個) となったのです。

$p=3$、5、7の他にも、同様に周期的となる場合があります。

問 次の場合は、mod pでの「$T_k(p-1)$ の分子」($k=1$、2、3、……) が周期的となることを確認しましょう。

(1) $p=13$　(2) $p=17$　(3) $p=19$
(4) $p=29$　(5) $p=41$　(6) $p=53$

これまで見てきたように、問題となるのは$k\equiv 0 \pmod{n}$ $(n=p-1)$ の場合です。このときは約分する必要があります。

$$T_k(n) = \frac{1}{1^k} + \frac{1}{2^k} + \frac{1}{3^k} + \cdots\cdots + \frac{1}{n^k}$$

$$= \frac{\boxed{2^k 3^k \cdots\ n^k} + \boxed{1^k 3^k \cdots\ n^k} + \cdots\cdots + \boxed{1^k 2^k \cdots\ (n-1)^k}}{1^k 2^k 3^k \cdots\cdots\ n^k}$$

上記の分子の各項を、次のように置きます。

$$= \frac{\boxed{\text{①}} + \boxed{\text{②}} + \cdots\cdots + \boxed{\text{ⓝ}}}{1^k 2^k 3^k \cdots\cdots\ n^k}$$

それでは問題となる$\boldsymbol{k \equiv 0 \pmod{p-1}}$の場合を見ていきましょう。約分してから、mod pで分子を見ていきます。

(1) $\boldsymbol{k \equiv 0 \pmod{12}}$ $(12 = 13-1)$の場合

分母に現れる素数、つまり$p < 13$の$p = 2$、3、5、7、11で割り切れるか(**mod** $\boldsymbol{p}$で「$\boldsymbol{\equiv 0}$」か)を確認していきます。

《2》 $8 = 2^3$が欠けた⑧に着目します。⑧を割る「2のべき乗」で約分すると、⑧だけ2で割り切れず、分子$\not\equiv 0 \pmod{2}$

《3》 $9 = 3^2$が欠けた⑨に着目します。⑨を割る「3のべき乗」で約分すると、⑨だけ3で割り切れず、分子$\not\equiv 0 \pmod{3}$

《5》 5と$10 = 5 \cdot 2$のどちらかが欠けた⑤と⑩に着目します。⑤と⑩をたした際の$5^k(2^k + 1^k)$を割る「5のべき乗」で約分します。ここで$1^k + 2^k \equiv 0 \pmod{5}$が問題となります。

p.237の各周期の2番目から、これを満たすのは$k \equiv 2 \pmod{4}$で、$k = 4l + 2$と置くと、$\boldsymbol{k \equiv 0 \pmod{12}}$は$4l + 2$

$\equiv 0 \pmod{12}$、つまり$2l+1 \equiv 0 \pmod{6}$となります。でも奇数$2l+1$が6で割り切れることはなく、そんなlは存在しません。つまり$1^k+2^k \not\equiv 0 \pmod{5}$と判明し、結局「$5^k$」で約分することになります。約分した後は、⑤+⑩だけ5で割り切れず、分子$\not\equiv 0 \pmod{5}$

《7》7が欠けた⑦に着目すると、分子$\not\equiv 0 \pmod{7}$

《11》11が欠けた⑪に着目すると、分子$\not\equiv 0 \pmod{11}$

以上から、約分した後の①② … ⑫の各項はフェルマーの小定理から「$\equiv 1$」となり、分子$\equiv 12 \pmod{13}$となります。

(2) $k \equiv 0 \pmod{16}$ $(16=17-1)$の場合

分母に現れる$p<17$の素数を見ていきます。

《2》($8=2^3$が欠けた)⑧に着目します。

《3》($9=3^2$が欠けた)⑨に着目します。

《5》⑤+⑩+⑮の中の$10^k \cdot 15^k+5^k \cdot 15^k+5^k \cdot 10^k=5^{2k}(2^k3^k+1^k3^k+1^k2^k)$の$6^k+3^k+2^k \equiv 1^k+2^k+3^k \equiv 0 \pmod{5}$が問題ですが、p.237の各周期の3番目を見ても、これを満たすkはありません。

《7》⑦+⑭の中の$7^k(2^k+1^k)$の$1^k+2^k \equiv 0 \pmod{7}$が問題ですが、p.240の各周期の2番目を見ても、これを満たすkはありません。

《11》《13》(11が欠けた)⑪や、(13が欠けた)⑬に着目します。

ちなみに《11》$(2\times 11>16)$《13》$(2\times 13>16)$ のように、2倍すると $n=p-1$ を超える《素数》は、同様となり調べる必要がありません。

以上から、この先は (1) と同様に分子 $\equiv 16 \pmod{17}$ です。

(3) $k\equiv 0 \pmod{18}$ $(18=19-1)$ の場合

分母に現れる $p<19$ の素数を見ていきます。

《2》$(16=2^4$ が欠けた) ⑯に着目します。

《3》⑨+⑱の中の $9^k(2^k+1^k)$ の $1^k+2^k\equiv 0 \pmod{3}$ が問題ですが、これを満たすのはp.234の各周期の2番目から $k\equiv 1 \pmod{2}$ です。でも $k=2l+1$ と置いたとき、$2l+1\equiv 0 \pmod{18}$ となる l は存在しません。

《5》⑤+⑩+⑮は (2) と同様です。

《7》⑦+⑭も (2) と同様です。

《11以上》11以上の素数は、2倍すると $n=18$ を超えます。

以上から、この先は (1) と同様に分子 $\equiv 18 \pmod{19}$ です。

(4) $k\equiv 0 \pmod{28}$ $(28=29-1)$ の場合

分母に現れる $p<29$ の素数を見ていきます。

《2》$(16=2^4$ が欠けた) ⑯に着目します。

《3》$(27=3^3$ が欠けた) ㉗に着目します。

《5》$(25=5^2$ が欠けた) ㉕に着目します。

《7》⑦ + ⑭ + ㉑ + ㉘ の中の $7^{3k}(2^k3^k4^k+1^k3^k4^k+1^k2^k4^k+$

$1^k2^k3^k) = 7^{3k}(24^k+12^k+8^k+6^k)$ の $24^k+12^k+8^k+6^k \equiv 1^k+3^k+5^k+6^k \equiv 0 \pmod{7}$ が問題ですが、（表計算ソフト等を用いて）調べてみると、これを満たす k はありません。

《11》⑪＋㉒の中の $1^k+2^k \equiv 0 \pmod{11}$ が問題ですが、これを満たすのは、調べてみると $k \equiv 5 \pmod{10}$ と判明します。でも $k=10l+5$ と置いたとき、$10l+5 \equiv 0 \pmod{28}$ となる l は存在しません。

《13》⑬＋㉖の中の $1^k+2^k \equiv 0 \pmod{13}$ が問題ですが、これを満たすのは、調べてみると $k \equiv 6 \pmod{12}$ です。でも $k=12l+6$ と置いたとき、$12l+6 \equiv 0 \pmod{28}$ つまり $6l+3 \equiv 0 \pmod{14}$ となる l は存在しません。

《17以上》17以上の素数は、2倍すると $n=28$ を超えます。

以上から、この先は(1)と同様に分子 $\equiv 28 \pmod{29}$ です。

(5) $k \equiv 0 \pmod{40}$（$40 = 41-1$）の場合

分母に現れる $p<41$ の素数を見ていきます。

《2》（$32=2^5$ が欠けた）㉜に着目します。

《3》（$27=3^3$ が欠けた）㉗に着目します。

《5》（$25=5^2$ が欠けた）㉕に着目します。

《7》⑦＋⑭＋㉑＋㉘＋㉟の中の $2^k3^k4^k5^k+1^k3^k4^k5^k+1^k2^k4^k5^k+1^k2^k3^k5^k+1^k2^k3^k4^k \equiv 1^k+2^k+3^k+4^k+5^k \equiv 0 \pmod{7}$ が問題ですが、これを満たす k は、p.240の各周期の5番目を見ると存在しません。

《11》⑪＋㉒＋㉝の中の$2^k3^k+1^k3^k+1^k2^k \equiv 2^k+3^k+6^k \equiv 0 \pmod{11}$が問題ですが、これ満たすのは、調べてみると$k \equiv 1 \pmod{10}$です。でも$k=10l+1$と置いたとき、$10l+1 \equiv 0 \pmod{40}$となる$l$は存在しません。

《13》⑬+㉖+㊴の中の同じく$2^k+3^k+6^k \equiv 0 \pmod{13}$が問題ですが、これを満たす$k$は、調べてみると存在しません。

《17》⑰+㉞の中の$1^k+2^k \equiv 0 \pmod{17}$が問題ですが、これを満たすのは、調べてみると$k \equiv 4$、$12 \pmod{16}$です。でも$k=16l+4$、$k=16l+12$と置いたとき、$16l+4 \equiv 0$、$16l+12 \equiv 0 \pmod{40}$、つまり$4l+1 \equiv 0$、$4l+3 \equiv 0 \pmod{10}$となる$l$は存在しません。

《19》⑲+㊳の中の$1^k+2^k \equiv 0 \pmod{19}$が問題ですが、これを満たすのは、調べてみると$k \equiv 9 \pmod{18}$です。でも$k=18l+9$と置いたとき、$18l+9 \equiv 0 \pmod{40}$となる$l$は存在しません。

《23以上》23以上の素数は、2倍すると$n=40$を超えます。

以上から、この先は(1)と同様に分子$\equiv 40 \pmod{41}$です。

(6) **$k \equiv 0 \pmod{52}$ $(52=53-1)$の場合**

分母に現れる$p<53$の素数を見ていきます。

《2》$(32=2^5$が欠けた)㉜に着目します。

《3》$(27=3^3$が欠けた)㉗に着目します。

《5》㉕+㊿の中の$1^k+2^k \equiv 0 \pmod{5}$が問題ですが、これを満

たすのは、p.237の各周期の2番目から$k\equiv 2 \pmod{4}$です。でも$k=4l+2$と置いたとき$4l+2\equiv 0 \pmod{52}$つまり$2l+1\equiv 0 \pmod{26}$となるlは存在しません。

《7》($49=7^2$が欠けた)㊾に着目します。

《11》⑪+㉒+㉝+㊹の中の$2^k3^k4^k+1^k3^k4^k+1^k2^k4^k+1^k2^k3^k\equiv 1^k+2^k+6^k+8^k\equiv 0 \pmod{11}$が問題ですが、これを満たすのは、調べてみると$k\equiv 3 \pmod{10}$です。でも$k=10l+3$と置いたとき、$10l+3\equiv 0 \pmod{52}$となる$l$は存在しません。

《13》⑬+㉖+㊴+(52)の中の(途中省略して)$6^k+8^k+11^k+12^k\equiv 0 \pmod{13}$が問題ですが、これを満たすのは、調べてみると$k\equiv 7 \pmod{12}$です。でも$k=12l+7$と置いたとき、$12l+7\equiv 0 \pmod{52}$となる$l$は存在しません。

《17》⑰+㉞+(51)の中の(途中省略して)$2^k+3^k+6^k\equiv 0 \pmod{17}$が問題ですが、これを満たすのは、調べてみると$k\equiv 7 \pmod{16}$です。でも$k=16l+7$と置いたとき、$16l+7\equiv 0 \pmod{52}$となる$l$は存在しません。

《19》⑲+㊳の中の$1^k+2^k\equiv 0 \pmod{19}$が問題ですが、これを満たすのは、調べてみると$k\equiv 9 \pmod{18}$です。でも$k=18l+9$と置いたとき、$18l+9\equiv 0 \pmod{52}$となる$l$は存在しません。

《23》㉓+㊻の中の$1^k+2^k\equiv 0 \pmod{23}$が問題ですが、これを満たす$k$は、調べてみるとありません。

《29以上》29以上の素数は、2倍すると$n=52$を超えます。

以上から、この先は(1)と同様に分子$\equiv 52 \pmod{53}$です。

この**問**の場合はいずれも、mod pでの「$T_k(p-1)$ の分子」($k=1$、2、3、……)は周期的で、周期は「0 0 … 0 $(p-1)$」($p-1$個)となっています。

おわりに

$T_k(n)$ ($k=1$、2、3、……)の分子をmod p (pは素数)で見ることは断念して、最終的には$n=p-1$“ちょうど”の$T_k(p-1)$に限定してきました。このとき問題となったのは、$k \equiv 0 \pmod{p-1}$の場合です。

周期的とならない例としては、$p=11$を見てきました。mod 11で、分子がどうなるのかも具体的に判明しました。

周期的となる例としては、たまたま周期が「00 … 0 $(p-1)$」($p-1$個)となる場合について、少しばかり見てきました。

どちらにしても、まだ話は始まったばかりです。

そもそも未踏の地にこそ、チャンスはひそんでいるものです。この先の道を切り開いていくのは、読者のあなたかもしれません。天から何かが降りてきて、すばらしい結果がもたらされることを期待しています。

皆さまのご幸運とご健闘をお祈りいたします。

Column

09 ガウスの時計算で見る「フィボナッチ数列」

Column 01では、フィボナッチ数列

0、1、1、2、3、5、8、13、21、34、55、89、144、……

を2、3、4で割った「余り」の数列を見てみました。

(mod 2)　0、1、1、0、1、1、0、1、1、0、1、1、0、……

(mod 3)　0、1、1、2、0、2、2、1、0、1、1、2、0、……

(mod 4)　0、1、1、2、3、1、0、1、1、2、3、1、0、……

これらは周期的ですが、一般にはどうなのかという話でしたね。

もちろん周期的になります。そもそもフィボナッチ数列は、その作り方から、(途中の)2数の組 $(a,\ b)$ 1つだけで、次々に前も後ろも(右も左も)決まってしまうのです。ちなみに $(a,\ b)$ は、mod 4の0、1、1、2、……でいうと(0, 1)(1, 1)(1, 2)……のことです。

その $(a,\ b)$ ですが、mod n では有限(組)の可能性しかありません。このため、n で割った余りの(延々と無限に続く)数列では、必ずどこかに同じ組が現れます。

(mod 4)　0、1、1、2、3、1、0、1、1、2、3、1、0、1、1、2、
3、1、0、1、1、2、3、1、0、1、1、2、3、1、0、1、

例えばそれを(2, 3)とします。そこから双方とも、足並みそろえて左に戻っていきます。戻る途中の組(1, 2)(1, 1)……は(その作り方から)同一です。どんどん同時に戻っていって、片方が数列の先頭にたどり着いた時点で終了します。

(mod 4)　0、1、1、2、3、1、0、1、1、2、3、1、0、1、1、2、
3、1、0、1、1、2、3、1、0、1、1、2、3、1、0、1、

これで(どこかに存在する)同じ組の(a, b)のaからではなく、先頭の(0, 1)の0から周期的になることが分かります。たどり着いた双方の(0, 1)から、今度は右に進むと、その作り方からずっと同一となってくるからです。

ちなみに周期は、後ろの(a, b)がたどり着いた(0, 1)の手前の1までとは限りません。先頭から見ていって最初に見つかった(0, 1)の手前の1、もしくは(1, 0)の1までが周期です(p.30参照)。

(mod 4)　0、1、1、2、3、1、0、1、1、2、3、1、0、1、1、2、
3、1、0、1、1、2、3、1、0、1、1、2、3、1、0、1、

《 mod n のフィボナッチ数列 》

「mod n のフィボナッチ数列」は、(途中からではなく)初項から周期的になっていて、周期は「0、1、……、$(n-1)$、1」

周期の終わりは「$(n-1)$、1」です。次は $(n-1)+1=n\equiv 0$ (mod n)となり、周期を探す際の「1、0」が出てきます。

周期は「$(n-1)$、1」を探してもかまいません。でも mod n ごとに覚え直して、「$(n-1)$、1」を探すとなると、少しばかり頭に負荷がかかりますね。

さて mod n のフィボナッチ数列ですが、あらかじめフィボナッチ数列を求めてから、その後で n で割って余りを出す必要はありません。「$a\equiv b$ (mod n)、$c\equiv d$ (mod n) ならば $a+c\equiv b+d$ (mod n)」なので、最初から余りで見ていけばよいのです。

例えば mod 4 では、「0、1」から始めて、(フィボナッチ数列を求めることなく) $0+\mathbf{1}\equiv\mathbf{1}$、$1+\mathbf{1}\equiv\mathbf{2}$、$1+\mathbf{2}\equiv\mathbf{3}$、$2+\mathbf{3}\equiv\mathbf{1}$、$3+\underline{1\equiv 0}$ と求まります。「1、0」が出たので、これで周期は「0、1、1、2、3、1」と判明しました。

問

「mod 6 のフィボナッチ数列」の周期を求めましょう。

「0、1」から始めて、mod 6で（前々項と前項を）たしていきます。

$$0+\mathbf{1}\equiv\mathbf{1}、1+\mathbf{1}\equiv\mathbf{2}、1+\mathbf{2}\equiv\mathbf{3}、2+\mathbf{3}\equiv\mathbf{5}、3+\mathbf{5}\equiv\mathbf{2}$$

$$5+\mathbf{2}\equiv\mathbf{1}、2+\mathbf{1}\equiv\mathbf{3}、1+\mathbf{3}\equiv\mathbf{4}、3+\mathbf{4}\equiv\mathbf{1}、4+\mathbf{1}\equiv\mathbf{5}$$

$$1+\mathbf{5}\equiv\mathbf{0}、5+\mathbf{0}\equiv\mathbf{5}、0+\mathbf{5}\equiv\mathbf{5}、5+\mathbf{5}\equiv\mathbf{4}、5+\mathbf{4}\equiv\mathbf{3}$$

$$4+\mathbf{3}\equiv\mathbf{1}、3+\mathbf{1}\equiv\mathbf{4}、1+\mathbf{4}\equiv\mathbf{5}、4+\mathbf{5}\equiv\mathbf{3}、5+\mathbf{3}\equiv\mathbf{2}$$

$$3+\mathbf{2}\equiv\mathbf{5}、2+\mathbf{5}\equiv\mathbf{1}、5+\underline{1\equiv 0}$$

これで「1、0」が出てきました。「1、0」の「1」までが周期です。周期は「011235213415055431453251」（24個）です。

さて「mod nのフィボナッチ数列」ですが、通常は「0、1」から始めます。ところでp.29では、逆に左に戻ってみましたね。それでも周期的なままです。右にも左にも、延々と続くだけです。ただ始まりがないと、周期も定まらなくなってしまいますよね。

でも周期の長さなら確定します。周期の長さを（ここでは）$c(n)$と記すことにします。これまで見た通り$c(2)=3$、$c(3)=8$、$c(4)=6$、$c(6)=24$です。

さて$c(2)=3$も$c(3)=8$も、$c(6)=24$の約数となっています。

これは偶然ではありません。周期を探す際の「1、0」ですが、mod 6で「1、0」ならmod 2でもmod 3でも「1、0」です。mod 2やmod 3では、この間にも「1、0」が出てきて、その最小である周期が繰り返されているのです。このため$c(2)$や$c(3)$は、$c(6)$の約数となるのです。

(mod 6)　[0 1 1 2 3 5 2 1 3 4 1 5 0 5 5 4 3 1 4 5 3 2 5 1]　(0)

(mod 2)　[0 1 1][0 1 1][0 1 1][0 1 1][0 1 1][0 1 1][0 1 1][0 1 1]　(0)

(mod 3)　[0 1 1 2 0 2 2 1][0 1 1 2 0 2 2 1][0 1 1 2 0 2 2 1]　(0)

逆にいうと、$c(6)$は$c(2)$や$c(3)$の倍数となっています。

さて、$c(6)$は$c(2)$や$c(3)$の倍数ですが、その最小である「$c(2)$と$c(3)$の最小公倍数」でしょうか。aとbの最小公倍数をLCM(a, b)と記すと、$c(6)=\mathrm{LCM}(c(2), c(3))$でしょうか。これから見ていきましょう。

まずmod 6での「$\mathrm{LCM}(c(2), c(3))$番目」の項をxとします。ちなみに初項の0は、(0番目ではなく)1番目と数えます。

xは$c(2)$や$c(3)$の倍数(周期の何倍か)の項なので、mod 2やmod 3で「1、0」の「1」となっています。

$$x \equiv 1 \pmod 2、\quad x \equiv 1 \pmod 3$$
$$x-1 \equiv 0 \pmod 2、\quad x-1 \equiv 0 \pmod 3$$

$x-1$は2でも3でも割り切れるので、6でも割り切れます。

$$x-1 \equiv 0 \pmod 6$$
$$x \equiv 1 \pmod 6$$

これでmod 6での「$\mathrm{LCM}(c(2), c(3))$番目」の項xは、「1、0」の「1」と判明しました。

次に、mod 6での「LCM $(c(2), c(3))+1$番目」の項をyとします。

yは$c(2)$や$c(3)$の倍数（周期の何倍か）の次の項なので、mod 2やmod 3で「1、0」の「0」となっています。

$$y \equiv 0 \pmod{2}、\quad y \equiv 0 \pmod{3}$$

yは2でも3でも割り切れるので、6でも割り切れます。

$$y \equiv 0 \pmod{6}$$

これでmod 6の「LCM $(c(2), c(3))+1$番目」の項yは、「1、0」の「0」と判明しました。

以上で（mod 6のそれぞれの箇所で「1、0」が見つかったことから）、$c(6)=\mathrm{LCM}(c(2), c(3))$であることが分かりました。

同じことは、2×3だけでなく$a \times b$でも、「aとbが互いに素」（共通の約数が1のみ）ならば成り立ちます。

《 mod n のフィボナッチ数列の周期 》

「mod n のフィボナッチ数列」の周期$c(n)$は、

$n=ab$（aとbは互いに素）のとき、

$$c(n)=\mathrm{LCM}(c(a), c(b))$$

こうなると、$n = {p_1}^{e_1}{p_2}^{e_2} \cdots\cdots {p_m}^{e_m}$と素因数分解したとき、$c({p_i}^{e_i})$が問題となってきます。

$e=1$の$c(p)$に関しては、じつは次が成り立っています。

《 mod p のフィボナッチ数列の周期 》

「mod p のフィボナッチ数列」(pは素数)の周期$c(p)$は、

$p=5k\pm1$のとき、$c(p)$は$(p-1)$の約数

$p=5k\pm2$のとき、$c(p)$は$2(p+1)$の約数

ちなみに$p=5k\pm0$である素数pは$p=5$だけで、実際に調べてみると$c(5)=20$です。

$p=5k\pm1$では、例えば 次の通りです。

$c(11)=10$、$c(19)=18$、$c(31)=30$、$c(41)=40$では、$c(p)=p-1$です。

$c(29)=14$では、14は$29-1=28$の約数です。

$p=5k\pm2$では、例えば 次の通りです。

$c(3)=8$、$c(7)=16$、$c(13)=28$、$c(17)=36$、$c(23)=48$、$c(37)=76$、$c(43)=88$では、$c(p)=2(p+1)$です。

$c(2)=3$では、3は$2\times(2+1)=6$の約数、$c(47)=32$では、32は$2\times(47+1)=96$の約数です。

$e>1$ の $c(p^e)$ に関しては、じつは次が成り立っています。

《 mod p^e のフィボナッチ数列の周期 》

「mod p^e のフィボナッチ数列」($e>1$、p は素数) では

周期 $c(p^e)$ は $p^{e-1}c(p)$ の約数

例えば $c(2^e)$ では、次の通りです ($c(2)=3$)。

$c(4)=2^1\cdot 3$、$c(8)=2^2\cdot 3$、$c(16)=2^3\cdot 3$

例えば $c(3^e)$ では、次の通りです ($c(3)=8$)。

$c(9)=3^1\cdot 8$、$c(27)=3^2\cdot 8$、$c(81)=3^3\cdot 8$

どの例も、きっちり $c(p^e)=p^{e-1}c(p)$ となっていますね。

じつは $c(p^e)\neq p^{e-1}c(p)$ となっている p^e は、現在のところ見つかっていないのです。

今後「$e>1$ のとき、$c(p^e)=p^{e-1}c(p)$」が証明されるのでしょうか。それとも反例が見つかるのでしょうか。フィボナッチ数列も、けっこう奥が深いですね。

— *MEMO* —

索　引

■英字・数字・記号

■あ行

■か行

■さ行

■た行

■な行

■は行

■ま行

■や行

■ら行

— *MEMO* —

引用文献 （[番号]は本文出現順）

[1]『数の本』（丸善出版）
J. H. コンウェイ、R. K. ガイ（著）、根上生也（訳）
[2]『無限オイラー解析』（現代数学社）
高橋浩樹（著）
[3]『リーマン論文集（数学史叢書）』（朝倉書店）
足立恒雄、杉浦光夫、長岡亮介（編訳）

参考文献

[4]『ベルヌーイ数とゼータ関数』（牧野書店）
荒川恒男、伊吹山知義、金子昌信（著）
[5]『数論入門』（岩波書店）
D. B. ザギヤー（著） 片山孝次（訳）
[6]『近世数学史談』（[旧]共立出版 [新]岩波文庫）
高木貞治（著）
[7]『リーマンのゼータ関数』（朝倉書店）
松本耕二（著）

— *MEMO* —

著者プロフィール

◎ 小林 吹代（こばやし・ふきよ）

1954年、福井県生まれ。
1979年、名古屋大学大学院理学研究科博士課程（前期課程）修了。
2014年、介護のため早期退職し、現在に至る。
著書に、『ピタゴラス数を生み出す行列のはなし』（ベレ出版）
『ガロア理論「超」入門 ～方程式と図形の関係から考える～』
『マルコフ方程式 ～方程式から読み解く美しい数学～』
『ガロアの数学「体」入門 ～魔円陣とオイラー方陣を例に～』
『正多面体は本当に5種類か ～やわらかい幾何はすべてここからはじまる～』
『オイラーから始まる素数の不思議な見つけ方 ～分割数や３角数・４角数などから考える～』（以上 技術評論社）などがある。

【URL】http://fukiyo.g1.xrea.com
「１ ２ さんすう ３ ４ 数学 ５ Go!」

本書の最新情報は、右のQRコードから
書籍サイトにアクセスの上、ご確認ください。

知りたい!サイエンス

ゼータへの最初《さいしょ》の一歩《いっぽ》　ベルヌーイ数《すう》
―「べき乗和《じょうわ》」と素数《そすう》で割《わ》った「余《あま》り」の驚《おどろ》くべき関係《かんけい》―

2023年5月12日　初版　第1刷発行

著　者　小林《こばやし》 吹代《ふきよ》
発行者　片岡 巌
発行所　株式会社技術評論社
東京都新宿区市谷左内町21-13
電話　03-3513-6150　販売促進部
03-3267-2270　書籍編集部
印刷・製本　昭和情報プロセス株式会社

ISBN978-4-297-13461-7　C3041
Printed in Japan

●装丁
中村友和（ROVARIS）

●本文デザイン、DTP
水口紀美子